U0118628

五南出版

閱讀科普

13

你沒看過的數學

翻開本書, 你會發現,
原來數學也可以這麼多采多姿!

吳作樂
吳秉翰 ◎ 著

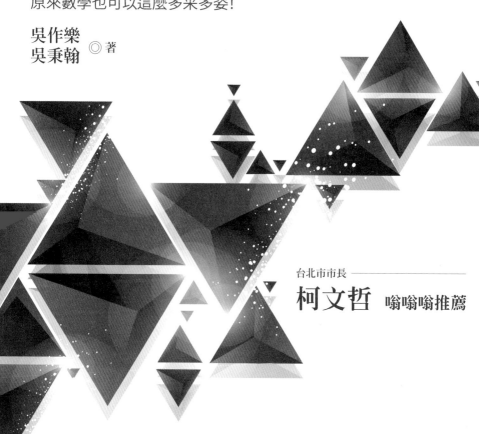

台北市市長 ————
柯文哲 嗡嗡嗡推薦

五南圖書出版公司 印行

前　言

> 數學家像畫家或詩人，都是形態、式樣的創造者……，
> 他們的作品必須是美的，他們的創意，也必須像顏色或語
> 句，很協調地組織在一起，美是數學的第一道考驗，不美的
> 數學在這世上毫無地位。
>
> 哈代（Godfrey H. Hardy）英國數學家

> 我的工作通常需要努力結合眞理與美感，但若被迫兩者
> 選其一時，我一向選擇美感。
>
> 赫曼・懷爾（Hermann Weyl）德國數學家

> 數學家研究數學的動機並非因爲數學有用，而是因爲它
> 是無可比擬的美感體驗。
>
> 龐佳萊（Henri Poincare）法國物理學家、數學家

　　這是一本敘述數學之美的書，而不是敘說數學多有用的
書。數學是一門最被人們誤解的學科，它常被誤認爲是自然
科學的一支。事實上，數學固然是所有科學的語言，但是數
學的本質和內涵比較接近藝術（尤其是音樂），反而與自然
科學的本質相去較遠。本書嘗試從人類文明發展的脈絡來說
明數學的本質：**它像藝術一樣，是人類文化中深具想像力及
美感的一部分。**

　　爲何人們對數學會有如此大的誤解，其原因大致如下：
　　我們的制式數學教育只注重快速解題，熟記題型以應

付考試的需求，造成學生及家長對數學的刻版印象就是：一大堆作不完的測驗卷及背一大堆公式。在這種環境下，如何能期待多數的學生對數學有學習的動機和興趣？其結果是，用功的學生努力背題型、背公式以得到好成績，考上名校。就業後，除了理工科系外，發現只要會加減乘除就夠用了，以往多年痛苦的學習顯然只是為了考試，數學不但無趣也無用。至於沒那麼用功的學生早在國中階段就放棄數學了。因為就投資報酬率而言，數學要花太多時間，且考試成績未必和時間成正比，將這些時間用在別的學科比較有效益。

　　更糟的是，我們的社會謬誤將數學好不好和聰不聰明劃上等號。固然，數學很好的學生顯示他對抽象概念掌握能力不錯，僅此而已，不多也不少。至於數學不好的學生也只顯示他的抽象概念掌握能力有待加強，與聰明度無關。請問，我們會認定一個五音不全（音感不佳）的人就是不聰明嗎？

　　此外，我們的教材有很大的改進空間。譬如說，專為考試設計的「假」應用題。然而最糟糕的是，為了在短時間內塞進太多內容，教材被簡化成一系列的解題技巧和公式。

　　事實上，數學絕對不是一系列的技巧，這些技巧不過是一小部分，它們遠不能代表數學，就好比調配顏色的技巧不能當作繪畫一樣。換言之，技巧就是將數學這門學問的激情、推理、美和深刻內涵抽離之後的產物。從人類文明的發展來看，數學如果脫離了其豐富的文化內涵，就會被簡化成一系列的技巧，它的真實面貌就被完全扭曲了。其結果是：

對於數學這樣一門基礎性的、富有生命力、想像力和美感的學科，大多數人的認知是數學既枯燥無味，又難學又難懂。在這種惡劣的學習環境及社會謬誤的影響下，學生及父母親或多或少都會產生數學焦慮症（Mathematics Anxiety）。

這些症狀如：

(1) 考前準備這麼多，為何仍考不好？是不是題目作得不夠多？

(2) 數學成績不好，是否顯示我不夠聰明，以後如何能出人頭地？

(3) 除了交給補習班及名師之外，有沒有其他方法可以學好數學，不再怕數學，甚至喜歡數學？

數學焦慮症不是一天造成的，因此它的「治療」也要循序漸進。首要是去除對數學的誤解和恐懼，再服用「解藥」（新且有效的學習方法、教材）。

本書首先說明數學是西方文明的一個有機組成部分，它的影響及於哲學思想和推理方法，塑造了眾多流派的繪畫和音樂，為政治學說和經濟理論提供了理性的依據。作為人類理性精神的化身，數學已經滲透到以前由權威、習慣、迷信所統治的領域，而且取代它們成為思想和行動的指南。然而更重要的是，數學在令人賞心悅目和美感價值方面，足以和任何藝術形式媲美。因此我深信應該將數學的「非技巧」部分按歷史發展的脈絡納入教材，使學生感受到這門學科之美，從而啟發學習的動機。

以我們的國文教學為例，學生同時學習技巧（寫字、拼音、造句）和美學（詩詞、文學欣賞）。同樣的道理，如果數學教學和國文教學一樣，技巧與美感並重，將會大大降低學生對數學的厭惡和恐懼。其次，本書敘述作者學習及領悟數學的心路歷程，並藉此說明數學推理和獨力思考能力的關係。

　　最後，我會提出一個治療「數學焦慮症」的解藥，就是一套全新的數學教法和教材。本人最大的願望就是經由這些教材的自我學習，使得學生能大幅降低對數學的恐懼，增加信心，進而體會數學之美。同時，也因為更有自信，就能更有效率地學習「技巧」部分，大幅減少機械式的技巧練習，面對考試可以少背公式仍能得高分，澈底消除學生和家長的「數學焦慮症」。

吳作樂

　　在本書出版之際，特別感謝義美食品高志明先生全力支持本書的出版。本書雖經多次修訂，缺點與錯誤在所難免，歡迎各界批評指正，得以不斷改善。

目 錄

第一章
什麼是數學

　　一個數學家，在他的工作中感受到與一個藝術家同樣的印象；他的愉快也同樣巨大，並具有同樣的性質。

亨利‧龐加萊（Jules Henri Poincaré），

法國數學家、理論科學家和科學哲學家

1.1 數學與藝術

什麼是數學？如果你在路上抓幾個路人來問這個問題，答案可能都是「數學是研究數字的科學」。確實，「數學」在望文生義的情況下，大多數人都以為只和「數字」有關。事實上，這樣對數學的描述，早在兩千多年前的希臘文明就不正確了。我們就從人類文明進展的脈絡來探討「什麼是數學」？

1.1.1 西元前五百年──實用及經驗法則的數學

在西元前五百年，數學在當時的發展，確實只侷限於數字，無論是埃及、巴比倫、印度或中國等古文明，都是如此。當時的數學，僅限於數字的實際應用，如建造金字塔、建築城牆、發明武器、劃分農地、興建水利及道路工程等等。當時的數學就像是烹飪書一樣，針對某形態的問題，有一相對應的解法（公式），數學的學習就像是背「烹飪書」，把數字套進正確的公式就可以得到答案。這時期的數學僅侷限於數字及簡單幾何圖形在實際生活的應用。見圖 1 到圖 5。

圖 1　埃及公主 Neferetiabet（西元前 2600 年）的石版畫，上面有埃及數學符號。

圖 2　巴比倫文化的數學符號。

圖 3　德國埃及學者從埃及古物轉繪的圖像，是牛隻及羊群數目的紀錄。

圖 4　巴比倫編號 YBC 7289 泥版，上面的數字是 2 的平方根的近似值，用當時的 60 進位制表示：1 + 24/60 + 51/60² + 10/60³ = 1.41421296...。

圖 5　萊因數學紙草（Rhind Mathematical Papyrus），即埃及數學應用
題中的第 80 題。

　　同時巴比倫人沒有乘法，但有平方表、立方表，用來協助計
算。方法如下：

1. $ab = \dfrac{(a+b)^2 - (a-b)^2}{4}$ ，

　　例題：$5 \times 3 = \dfrac{(5+3)^2 - (5-3)^2}{4} = \dfrac{64-4}{4} = 15$。

2. $ab = \dfrac{(a+b)^2 - a^2 - b^2}{2}$ ，

　　例題：$5 \times 3 = \dfrac{(5+3)^2 - 5^2 - 3^2}{2} = \dfrac{64-25-9}{2} = 15$。

　　希臘人堅持演繹推理是數學證明的唯一方法，這是對人類文
明最重要的貢獻，它使數學從木匠的工具盒，測量員的背包中解
放出來，使得數學成為人們頭腦中的一個思想體系。此後，人們
開始靠理性，而不是憑感官去判斷事物。正是這種推理精神，開

闢了西方文明。

莫里斯・克萊因（Morris Kline），
美國數學史家

　　數學重大的突破，發生在西元前五百年到西元後三百年這段期間的希臘文明。事實上，希臘人對數學和科學哲學的貢獻是人類文明發展極關鍵的一大步，希臘數學家／哲學家的貢獻主要在於幾何學及公理系統的建立。希臘人較不重視當時數學的實用性，他們感興趣的是數學作為掌握抽象概念的利器。他們發現，從簡單的點、線、面、圓的抽象概念開始，再依據嚴謹的邏輯推論，就可推導出許多重要的數學結果。譬如說，埃及人與巴比倫人早從實際應用知道畢氏定理，但只停留在「知其然，但不知所以然」的階段，而希臘人不但能從基本的幾何抽象概念證明出畢氏定理，而且還推導出許多埃及人與巴比倫人不能從實用中得到的重要結果。

　　希臘數學家希帕霍斯（Hipparchus）使用相似三角形的定理估算地球半徑為 3944.3 英里，這個數字與現代高科技測量到的地球半徑為 3961.3 英里只差 17 英里，誤差不到 0.4%！真是厲害極了。見圖 6。

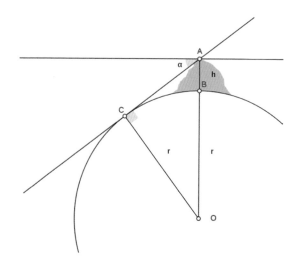

圖6　希帕霍斯（Hipparchus）以幾何相似形定理推導地球半徑的示意圖。

　　並且希臘數學家希帕霍斯（Hipparchus）使用相似三角形的定理估算地球與月球距離為 238,000 英里，這個數字與現代高科技測量到的 240,000 英里，誤差不到 0.8%！見圖 7。

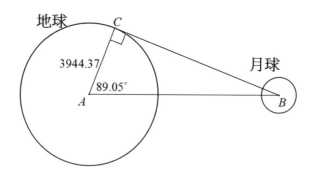

圖7　計算地球到月球距離示意圖。

　　西元前三百年的希帕霍斯運用簡單幾何定理就得到如此驚人的結果，足以說明以演繹推理所建立的數學的威力。因此希臘人特別重視幾何學，從簡單的點、線、面、圓的抽象概念作為公理，使用**演繹法**建立整個**幾何學**，這套邏輯嚴謹的幾何學就是歐幾里得（Euclid）的《幾何原本》（Elements）。見圖 8。

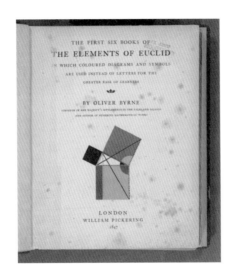

圖 8　1847 年在倫敦出版的歐幾里得的《幾何原本》，此書迄今發行量
　　　僅次於《聖經》。

　　直到現在，我們還在讀這本書。中學所學習的幾何定理及證明，就是出自這本書。很可惜的是，**我們的制式教學沒有適時說明學習幾何的目的，主要是培養嚴謹推理的能力及欣賞數學之美**，白白喪失了一個啟發學生學習興趣的機會。英國數學家羅素在他的自傳中回憶道：「在我十一歲時，哥哥教我歐幾里得的《幾何原本》，這是我一生最重要的時刻之一，我像初戀一般地

意亂情迷，很難想像世界上有如此美麗的事物，見圖 9、圖 10，
從此數學成為我一生的主要興趣及快樂的泉源。」

圖 9　幾何圖案設計的瓷磚。　　圖 10　西元前 750 年的希臘花瓶，
　　　　　　　　　　　　　　　　　　　　顯示美麗的幾何圖案。

　　但歐氏幾何並不足以套用到全宇宙，一般來說，兩點之間最
短的距離就是連結兩點的直線段。但在宇宙空間中，兩點之間最
短的距離未必是連結兩點的一直線，在愛因斯坦的相對論，兩點
之間的最短距離因為受重力影響，變成一條曲線，稱為 Geodesic
（測地線）。也可想像成為球面上的兩點的最短距離，而這也是
非歐幾何的一種。依據相對論的論證，在真實的自然界中，非歐
幾何比歐氏幾何更為常見。歐氏幾何只能應用到較小的空間範圍
如地球表面。

　　希臘時代幾何學的研究不只在數學上還有在藝術上，已經在
研究黃金比例的性質，又稱黃金分割。具有黃金比例的長方形，
是長方形長度切去長方形寬度後，原來長方形比例＝後來長方形
比例。比例相等，見圖 11、12。

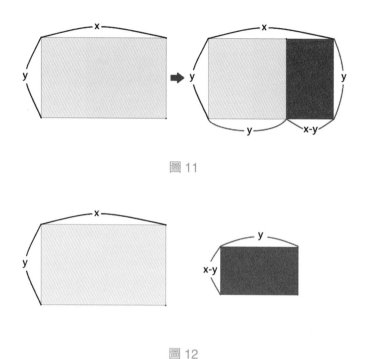

圖 11

圖 12

　這個特別的比例用符號 Φ 來表示。經計算後黃金比例 Φ 長比寬 ≈ 1.618：1。有哪些東西具有黃金比例呢？

　1. 蒙娜麗莎的微笑，臉的寬度與長度、額頭到眼睛與眼睛到下巴的比，圖 13。

　2. 艾菲爾鐵塔的比例，側面的曲線接近以黃金比例為底數的對數曲線，圖 14。

　3. 電視機原本的比例是 4：3，現在都是用 16：9 或 16：10 的比例來製造，以接近黃金比例，因為視野也是接近黃金比例！

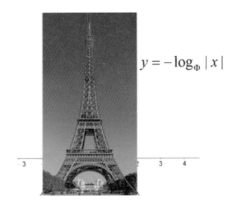

$$y = -\log_\Phi |x|$$

圖 13　　　　　　　　　　　　　　　圖 14

4. 帕特農神殿，圖 15。

5. 小提琴，見圖 16。

圖 15　帕特農神殿是能代表古希　　　圖 16　小提琴，圖片取自 WIKI。
　　　臘的指標性建築，取自
　　　WIKI 共享。

6. 五芒星，見圖 17。

圖 17

7. 鸚鵡螺的螺線，見圖 18。

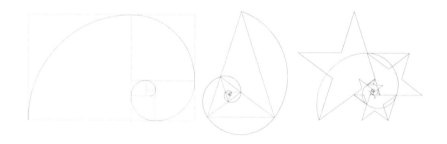

圖 18

當然最重要的是，大家所關心的身材的黃金比例，女孩子總是想挑選讓自己看起來最漂亮的高跟鞋，但到底要穿多高才符合黃金比例呢？就是讓全身與下半身（肚臍到腳底）具有 1.618 的比例，參考圖 19 與推導過程。

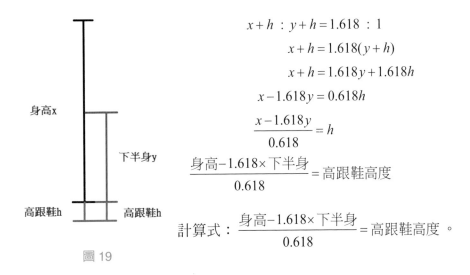

$$x + h : y + h = 1.618 : 1$$
$$x + h = 1.618(y + h)$$
$$x + h = 1.618y + 1.618h$$
$$x - 1.618y = 0.618h$$
$$\frac{x - 1.618y}{0.618} = h$$
$$\frac{身高 - 1.618 \times 下半身}{0.618} = 高跟鞋高度$$

身高x

下半身y

高跟鞋h　　高跟鞋h

計算式：$\dfrac{身高 - 1.618 \times 下半身}{0.618} = 高跟鞋高度$。

圖 19

　　由以上可知黃金比例也具有螺線的美麗形狀，恰巧與大自然吻合。所以我們可以發現生活中處處有黃金比例，處處有數學。

　　希臘時期阿基米德的偉大成果之一：求出了圓柱及其內切圓球的體積及表面積公式，據說他曾要求將此圖像作為他的墓碑以紀念他的貢獻，見圖 20。

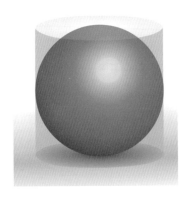

圖 20

　　希臘用演繹法把數學從實用層面提升到比較抽象的層次，這是人類文明發展很重要的突破和進步，和發明文字一般地重要。對當時的希臘哲學家而言，數學方法是探究真理的唯一工具，因為合乎邏輯的推論遠優於含有偏見、臆測的其他論述方法。難怪柏拉圖（Plato）要在他的學院門口寫上：「不懂幾何學者，不得入此門」。見圖21。

圖21　文藝復興時期大畫家拉斐爾（Raffaello）的濕壁畫〈雅典學派〉，畫正中間行走的兩人為柏拉圖和亞里斯多德，右邊彎著腰教幾何的是歐幾里得，左邊坐著教音樂的是畢德哥拉斯。

　　數學的定理是由公理經由演繹推理得到的結果，而非由觀察現象再加以「歸納」。因此，在數學領域，對的東西永遠是對

的，2000 年前的定理到 2000 年後仍是對的，對的事實累積越來越多。當今大學的微積分和一百年前的微積分沒有太大不同，只是增加一些新內容。但在自然科學中，並非如此。例如物理學理論，新的發現不斷推翻舊有的理論，導出新理論。但數學卻是不斷累積起來的，所以數學與自然學科在本質上是不同的。舉例說明數學上的「演繹法」和自然科學常用的「歸納法」是大不同的，有何不同呢？譬如說你問一個物理學家，質數有哪些特性？他觀察數字 1 到 13 之後，用歸納法得到下列結論：因為 1、3、5、7、11，13 都是質數也是奇數，只有 2 是質數卻是偶數，而9 是奇數但不是質數，因此所有的奇數都是質數，而 2 和 9 是例外，這就是用「歸納法」推論的結果。

再舉一例：有一外星人到地球研究人類，正巧降落在中國，於是他在觀察了約一億人之後，歸納出的結論是：「地球上所有人類都是黃皮膚。」

希臘人不強調數學應用在實務方面，而是用於智力訓練、智能發展，甚至用於美學上。現在，我們在課堂上所證明的幾何定理，大多沒有實用價值。而學習幾何證明題的目的，就是要讓大家學會嚴密推理、證明的方法。由於演繹推理能夠保證結論永遠邏輯正確，難怪希臘人認為埃及人和巴比倫人經由歸納觀察所積累的數學知識是空中樓閣，由沙子砌成的房子，一觸即潰。希臘人的目標是建造一座由大理石建成的永恆宮殿。而事實上，他們也達成了這個目標：演繹推理成為西方科學方法的主幹，演繹數學成為所有科學的語言直到今天。文藝復興時代的天才藝術家、科學家達文西也強調：「沒有通過數學檢驗的任何觀察和實驗都不能宣稱是科學。」

此外，更值得一提的歷史事實就是：**數學推理及民主思想都源自希臘文明**。這個歷史事實並非偶然。事實上，希臘數學所揭示的思考與辦論方式正是孕育民主思想的基石。這將在 2.2「數學與民主」有更完整的介紹。

補充説明

推理隱涵著歸納、演繹兩種方式，但歸納偶有特例，而演繹則是嚴謹的數學，兩者是不同的意義。

1.1.2 中世紀──西方數學的停頓期

千萬別窺探大自然的奧祕，讓它們歸於上帝吧！永遠恭順而謙卑

約翰·密爾頓（John Milton），十七世紀初英國詩人

由於羅馬文化的急功近利和基督宗教的影響，希臘數學的演繹精神在漫長的中世紀幾乎消失殆盡。中世紀數學進展的主角是東方的印度、阿拉伯及中國。與希臘數學相比，中世紀的東方數學傾向於計算法則，不講究定理推導，比較像希臘文明之前的埃及、巴比倫的經驗歸納法則，但是已跳脫單純的計算，並建構出具有一般性的計算法則，能廣泛應用。

這時期比較突出的數學進展有：

(1) 阿拉伯數學家花拉子米（Khwarizmi）開創了代數學，他的著作《還原與對消計算概要》（西元 820 年前後）於十二世紀被譯成拉丁文，在歐洲產生巨大影響。見圖 22。

(2) 印度人使用巴比倫人的位置制原則建立了 10 進位體系，

並創了具有完整意義的「零」，此外，他們還開創了「負數」的概念。

　　回教文化因宗教原因，建築、繪畫、裝飾都不能出現人像，因而發展出豐富的幾何藝術，阿拉伯世界發展出的幾何藝術，可說是近代數學藝術的始祖，見圖 23、24、25。

圖 22　花拉子米（Khwarizmi）的著作《還原與對消計算概要》封面（西元 820 年前後）阿拉伯語的「還原」是「Al-jabr」，即移項的意思，此字在十四世紀演變成拉丁字：Algebra，正是今天代數一詞的英文。

圖 23   圖 24   圖 25

　　(3) 中國數學發展出機械化、演算法化的特點，與希臘數學
重邏輯推理大不同。中國的數學傳統以算為主，算籌、算盤就是
中國古代的「計算機」，珠算口訣就是計算程序。中國數學家祖
沖之（約西元 500 年）精確計算圓周率，領先世界近一千年，且
指出「九章算數」中，球體積公式之錯誤。宋代秦九韶（約西元
1230 年）的《數書九章》發展了一元高次方程求數值解的程序
化、機械化演算法。然而，算籌有很大的侷限，在算籌框架內發
展的天元術、四元術不能演進成徹底的符號代數，因此對 5 個以
上的變數就無能為力。此外，因缺乏演繹論證的方法，中國數學
無法進展成近代數學，十六、十七世紀，近代數學在西方蓬勃興
起之後，中國數學就明顯地落後。但仍有許多一樣的數學公式。
見圖 26。

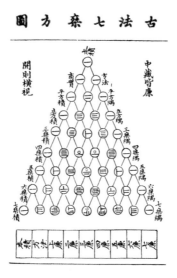

圖 26　中國數學家朱世傑的著作《四元玉鑑》中的「三角垛」公式，也
　　　　就是西方的巴斯卡三角形。

　　印度與阿拉伯的代數研究內容與希臘的幾何知識，啓發了歐
洲的文藝復興。所以中世紀的數學研究，印度與阿拉伯有著承先
啓後的地位。

　　同時中世紀的地圖學也有相當驚人的精確度，見圖 27。而
我們現在所用的地圖是在 1569 年法蘭提斯的地理學家傑拉杜
斯・麥卡托（Gerardus Mercator）繪製的世界地圖，見圖 28，稱
麥卡托投影法，又稱正軸等角圓柱投影，是一種等角的圓柱形地
圖投影法。

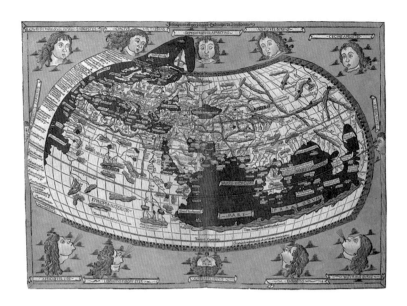

圖 27　中世紀歐洲的世界圖像

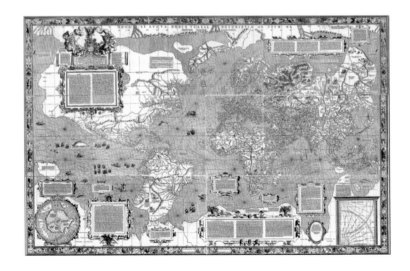

圖 28　麥卡托地圖

以此方式繪製的世界地圖，長 202 公分、寬 124 公分，經緯線於任何位置皆垂直相交，使世界地圖在一個長方形上，見圖29。

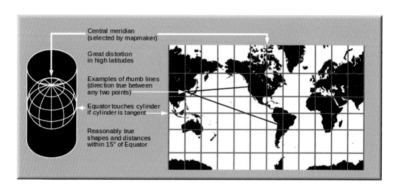

圖 29

此地圖可顯示任兩點間的正確方位，航海用途的海圖、航路圖大都以此方式繪製。在該投影中線型比例尺在圖中任意一點周圍都保持不變，從而可以保持大陸輪廓投影後的角度和形狀不變（即等角）；**但麥卡托投影會使面積產生變形，極點的比例甚至達到了無窮大。而靠近赤道的部分又被壓縮的很嚴重。看圖 30 理解原因。**

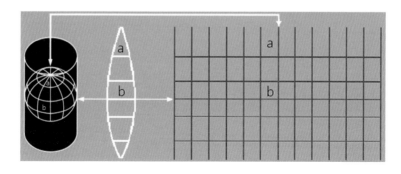

圖 30

很簡單的可看到高緯度地區被放大，低緯度地區縮小。這不是差一點點，其實非洲比你想像的還要大，它占了世界將近30%的陸地。非洲面積比下述國家面積總和還要大：中國、北美洲、印度、歐洲、日本。見圖31，也可參考表1。

表1　各國面積

國家	中國	美國	印度	墨西哥	祕魯
面積 (1000km²)	9597	9629	3287	1964	1285
國家	法國	西班牙	新幾內亞	瑞典	日本
面積 (1000km²)	633	506	462	441	378
國家	德國	挪威	義大利	紐西蘭	英國
面積 (1000km²)	357	324	301	270	243
國家	尼泊爾	孟加拉	希臘	總合	非洲
面積 (1000km²)	147	144	132	30102	30221

圖 31

1.1.3 文藝復興期——數學精神的復甦

　　數學原理是上帝描繪整個宇宙所使用的語言，沒有數學的幫助，就不可能了解任何自然現象。如果我能從新開始學習的話，我會依照柏拉圖的建議，從數學開始學起。

　　　　伽利略（Galileo）（西元 1564-1642），義大利物理學家

　　幾何學是所有繪畫的基礎。

　　　　杜勒（Durer）（西元 1471-1528），德國畫家、數學家

　　數學是開啓四大科學：物理、天文、化學及醫學大門的鑰匙。

法蘭西斯・培根（Francis Bacon）（西元 1561-1626），

英國哲學家

　　在十二世紀，一些歐陸學者至西班牙和西西里島尋找阿拉伯文的科學書籍，其中最重要的兩本書是花拉子米的代數學《還原與對消計算概要》及歐幾里得的《幾何原本》。這兩本書都被譯成拉丁文，開啓了數學的復甦。1202 年，義大利數學家斐波那奇（Fibonacci）在其著作《算書》（Libre Abaci）中，有系統地介紹印度－阿拉伯計數系統，對改變歐洲數學有很大影響。然而，歐洲數學的大幅改變是從十五世紀中葉才開始。

　　1453 年，君士坦丁堡被土耳其占領，迫使大量希臘學者帶者古典希臘著作逃往義大利。這是歐洲歷經漫長黑暗的中世紀之後第一次接觸到希臘原作。在此之前，歐陸學者只能由阿拉伯文的拉丁譯本學習古典希臘著作。而這些希臘學者將希臘原作大量譯成拉丁文，使得歐陸學者終於能夠直接領悟希臘文明的精髓，加上傳入的印刷術，使得書本的流傳更爲普及化，因而啓動了文藝復興。承襲古典希臘推理精神並且有革命意義的著作出版於 1543 至 1545 年間，分別是：義大利數學家卡當（Cardan）的《大術》，比利時解剖學家維薩里（Vesalius）的《人體結構》，見圖 32。

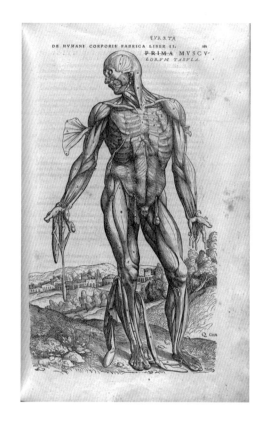

圖 32　解剖學家維薩里（Vesalius）的人體解剖圖解。

　　還有波蘭天文學家哥白尼（Copernius）的「天體運行論」，在中世紀歐洲人認為地是平的，世界是以地球為中心，見圖 33，一直到哥白尼（Copernicus）提出世界是繞太陽轉的日心論，而非地心論，哥白尼認為上帝創造這個世界不會用那麼複雜的方式，用太陽為中心就可以簡化各行星的軌道方程式。見圖 34。而後伽利略觀測星象與計算，證實日心論，見圖 35。並經計算後發現海王星，而且海王星是唯一先計算出現時間再觀察到的行星。因為數學家、天文學家的貢獻，使得大眾接受新的世界

觀。克卜勒（Kepler）也用柏拉圖正多面體建構出太陽系模型，
見圖 36。

圖 33 古希臘托勒密（Ptolemy）地心說示意圖

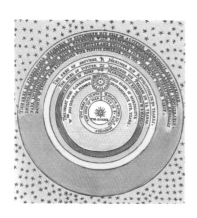

圖 34 哥白尼日心學說（Helio-
centric）的圖示

圖 35 柏弟尼（Bertini）的畫，伽利
略向威尼斯的官員說明如何使
用他發明的望遠鏡觀看到金星。

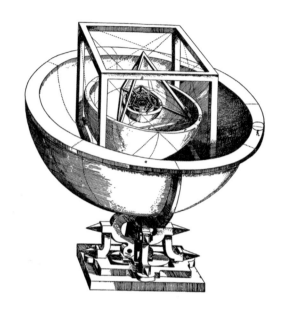

圖 36　克卜勒（Kepler）用柏拉圖正多面體建構的太陽系模型

　　以上數學家的著作形成了建設理性文化的力量。這時期，由培根和笛卡兒提出的人類了解進而控制大自然的夢想得到廣大的迴響。文藝復興時期的思想家、科學家及藝術家都有一個共識：就是用「推理」的方式重建所有知識，尋求在確定無疑的知識系統上建立各門學問的思想體系，而演繹數學的正確性正好符合此需求。誠如笛卡兒所言：「由於數學推理確定無疑，明瞭清晰，我為它的基礎如此穩固堅實感到驚奇，在所有知識系統中，數學的地位是最高的。」畫家達文西也說：「只有緊緊地依靠數學，才能穿透那些不可捉摸的思想迷魂陣。」

　　此外，藝術家因深受復興的希臘哲學影響及試圖逼真地重現自然界，也轉向數學尋求解答。他們和當時的科學家都有相同的

理念：數學是真實世界的本質，宇宙是有秩序的，且能按照幾何原理明確地理性化。因此，他們認為要在畫布上展示題材的真實性，解決的方法必定來自某些數學。

　　事實上，當時很多藝術家同時也是數學家，如皮埃羅・德拉。法蘭切斯卡（Piero Della Francesca）、達文西（DaVinci）及杜勒（Durer）。他們三人都發表過有關透視畫法的數學論述。而其中法蘭切斯卡被認為是十五世紀最偉大的數學家之一。他寫了三篇數學論文，試圖證明利用透視學和立體幾何原理，可見的現實世界就能從數學定理推演出來。換句話說，他從幾何原理推導出透視畫法，這方法能夠將自然世界三度空間的圖像用二度空間的畫布「盡可能精確地」呈現出來，見圖 37 ～ 48。今天的電腦繪圖（Computer Graphic）所使用的算圖（Rendering）方法就是透視畫法的延伸。這些藝術創作都是相似形的應用，台南的藍曬圖也是有利用到景深的投影幾何原理來構築線條，參考聯結：http://yoke918.com/?p=3573。

　　總結文藝復興時期數學推理精神的巨大影響：這時期的科學家是以數學家的角度而從事對大自然的研究，他們認為科學的目的是為了發現所有自然現象的數學關係，並以此解釋所有自然現象，從而彰顯上帝創造的偉大。

圖 37　杜勒的木刻：描述透視法繪畫的技巧。

圖 38　杜 勒 的 版 畫（1514）：
　　　Melencolia，右 上 角 有
　　　一個數學魔方陣。

圖 39　杜 勒 的 版 畫（1514）：
　　　Melencolia，右上角的數學
　　　魔方陣，其對角線，直行及
　　　橫行數字和皆為 34。

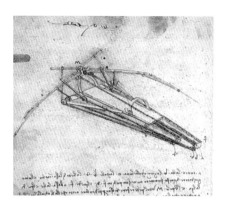

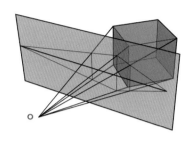

圖 40　達文西的飛行器圖示。　　圖 41　透視畫法的幾何原理示意
圖。

圖 42　烏切洛（Uccello）的透視畫法素描。

圖 43　法蘭切斯卡（Piero Della Francesca）的畫作〈鞭撻〉，顯示使用投影技法表現空間感。

圖 44　法蘭切斯卡（Piero Della Francesca）的畫作〈耶穌復活〉。

圖 45　Perugino 的畫作充分運用透視原理，強化空間景深及層次感。

圖 46、47 達文西畫作〈麗達與天鵝〉，顯示即使在寓意畫，也極力呈現真實世界的空間感

圖 48　波提切利的畫作〈維納斯的誕生〉。

1.1.4 西元十七、十八世紀──啓蒙時代／理性主義時代

數學不需實驗的幫助，只需經由純粹推理就可拓展它的領域，是純粹推理的最佳典範。

　　　　康德（Emmanuel Kant）（1724-1804），德國哲學家

邏輯是思想的解剖學

　　　　洛克（John Locke）（1632-1704），英國哲學家

數學中含有驚人的想像力，阿基米德腦中的想像力比荷馬多得多。

　　　　伏爾泰（Voltaire）（1694-1778），法國作家、哲學家

對我而言，任何事物都是數學。

　　笛卡兒（Descartes）（1596-1650），法國哲學家、數學家

數學是由純粹智慧創造出來的世界。

　　華滋華斯（Wordsworth）（1770-1850），英國詩人

這時期最重要的數學進展是：

(1) 費馬和笛卡兒分別發明了**解析幾何**，使得代數和幾何結合一起，使得代數方程式能夠準確描述各種幾何圖形及曲線，反之，各種幾何圖形及曲線也能寫出對應的代數方程式。

笛卡兒平面座標的故事

　　西元 1596 年法國數學家 —— 笛卡兒（René Descartes）創立了平面座標的架構。笛卡兒創立座標系，也稱「笛卡兒座標系」。而他為什麼會想作出座標系？據說當他躺在床上，觀察一隻蒼蠅在天花板上移動時，他想知道蒼蠅在牆上的移動距離，思考後，發現必須先知道蒼蠅的移動路線（路徑）。這正是平面座標系的誘因，但要如何描述此路線，他還經歷另一件事情，才找到方法。見圖 49。

　　在晚上休息之餘，他看到滿天的星星，這些星星如何表示位置，如果用以前的方法，拿出整張地圖，再去找出那顆星星，相當費時費力，而且也不好說明。只能說在哪個東西的旁邊。這只是相對說法，並不夠直接。笛卡兒從軍時，由於要回報給上級部隊的位置，但無論是他拿著地圖比在哪，或是說在多瑙河上游左岸、或是下游的右岸等，這樣找指標物，然後說一個相對位置，是很沒有效率的說法，所以他開始思考如何好好描述位置。

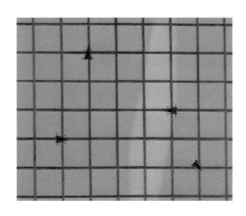

圖 49

　　有一天晚上笛卡兒正在思考不睡覺，被查鋪的排長拉出去
到野外。在野外，排長說笛卡兒整天在想著，如何用數學解釋自
然與宇宙，於是告訴他一個好方法。從背後抽出 2 支弓箭，對他
說把它擺成十字。一個箭頭一端向右，另一個箭頭向上，箭可以
射向遠方，高舉過頭頂。頭上有了一個十字，延伸出去後天空被
分成 4 份，每個星星都在其中一塊。笛卡兒反駁：早在希臘人就
已經使用在畫圖上，哪有什麼稀奇的地方。況且就算在上面標刻
度，那負數又應該擺放在哪裡，排長就說了一個方法，把十字交
叉處定為 0，往箭頭的方向是正數，反過來是負數，不就可以用
數字去顯示全部位置了嗎？笛卡兒大喊這是個好方法，想去拿那
2 支箭，排長將弓箭丟到河裡，笛卡兒追出去，想拿來研究，沒
想到溺水了，之後被救醒。笛卡兒抓著排長問，剛說了什麼，排
長不理他，繼續叫下一個士兵起床，笛卡兒發現原來是夢，馬上
拿出筆把夢裡面的東西寫下來，平面座標就此誕生了。

　　平面座標與方程式結合在一起，最後有了函數的觀念，笛卡兒將代數與幾何連結在一起，而不是分開的兩大分支。幾何用代數來解釋，而代數用幾何的直觀更容易看出結果與想法。於是笛卡兒把這兩大分支合在一起，把圖形看成點的連續運動後的軌跡，最後點在平面上運動的想法，進入了數學。見圖 50、51。

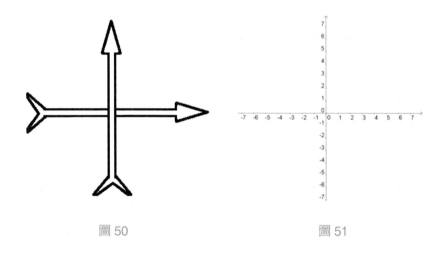

圖 50　　　　　　　　　　　　　　　　圖 51

　　(2) 解析幾何使得牛頓和萊布尼茲分別發明了微積分，微積分是**研究動態的數學**，在此之前的數學僅能研究靜態的數學問題，此時很多航海及機械問題，都是動態的問題，因此急需要研究動態的數學工具。微積分適時出現，不但提供了研究動態的工具並且對所有的自然科學，甚至哲學、政治都造成極深遠的影響。事實上，微積分的發明不僅促成了各門科學的突飛猛進，其中演繹數學所展現出的「推理」的威力更使得當時的人文學者大為震驚，紛紛思考如何在哲學、政治、經濟等人文學科使用演繹數學以確保推理及論述的合理與正確性。我們甚至可以說，十八

世紀的思想家們的主要目標，是為所有的問題尋求數學的解決方法，正因如此，這時期被稱為理性的時代（Age of Reason）或啟蒙時代（Age of Enlightenment），而所謂的「理性」，就是演繹數學的推理精神和方法。

牛頓的鉅作《自然哲學的數學原理》（The mathematical Principle of Natural Philosophy）揭示了科學研究的方法論：從歸納觀察得到的假設作為演繹數學的起點（類似幾何學的公理），經由演繹數學的推導，得到新的結論（證明出新的定理）。牛頓使用這個方法論及新工具微積分，從他所提出的公理：萬有引力開始，不但證明了克卜勒的行星三大運動定律，也證明出所有關於力學的結果。而這些僅假設萬有引力為公理所證明出的定理，都先後由其他物理學家經由實驗驗證為正確。這個清晰有效的方法論大大地刺激物理學以外的自然科學，也使他們開始努力建構各自的數學方法。

醫學家哈維經由導管中水流的定量研究，證實了動物體內的血液循環現象，並闡明了心臟在循環過程中的作用，指出血液受心臟推動，沿著動脈血管流向全身各部，再沿著靜脈血管返回心臟，環流不息，推導出血液在體內循環的證明。法國化學家拉瓦節（Lavoisier），倡導並改進定量分析方法並用其驗證了質量守恆定律，也撰寫了第一部化學教科書，這些劃時代貢獻使得他被後世尊稱為化學之父。最重要的是，他使化學與煉金術脫鉤，成為真正的自然科學。

牛頓的數學方法論不僅催生了近代自然科學，也促使哲學、政治、經濟等人文學科引入數學推理精神，重建各自的知識體系，並由此**重新推導出自由、民主及人權的新概念**。我們可以

說，牛頓的數學方法論全面改變了西方文明的面貌，它的影響從數學到自然科學，再擴及到幾乎所有的人文學科，使得西方文明在十八世紀開始突飛猛進，遠遠超越其他文明，直到今天。**換句話說，數學對人類社會的影響在十八世紀到達高峰：演繹數學的精神正是理性時代的導火線，啓蒙運動不是憑空而來，沒有數學精神，就沒有眞正的理性時代。**見圖 52 到圖 63。

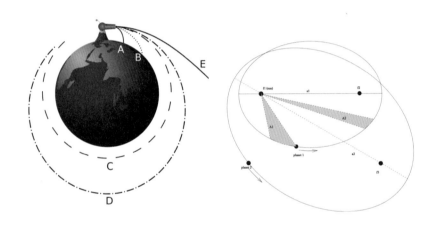

圖 52　牛頓從伽利略的拋物線運動　圖 53　克卜勒的行星運動三大定律
　　　　推測行星的圓周運動示意　　　　　示意圖。
　　　　圖。

圖 54　西元 1785 年建於英國的巨大反射式天文望遠鏡，鏡片直徑 48 英
吋，焦距長 40 英呎，曾用以發現土星的第 6 和第 7 號衛星。

圖 55　拉瓦節的化學實驗室。

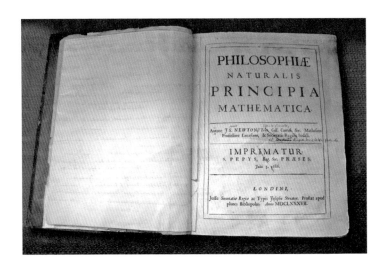

圖56　引爆科學及政治思想大革命的鉅作：牛頓的《自然哲學的數學原理》。

圖57　西元十八世紀的顯微鏡。

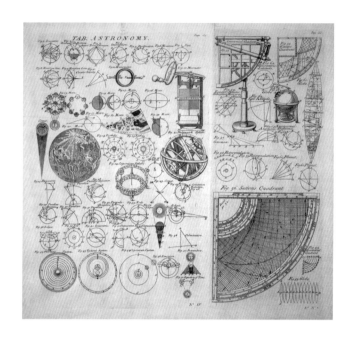

圖 58 西元十八世紀的天文圖表。

圖 59 法國凡爾賽宮對稱幾何圖形的花園,顯示理性主義的影響。

圖 60　理性主義時代的新古典（Neoclassical）建築。

圖 61　十七世紀荷蘭畫家林布蘭（Rembrandt）的〈夜巡〉，處理光線
的細緻程度顯示科學思想的影響。

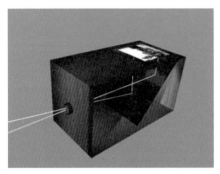

圖62 十七世紀的光學發明：現代照相機的前身：黑箱照相機（Camera Obscura）。

圖63 十七世紀荷蘭畫家維米爾（Vermeer）運用黑箱照相機畫出逼真的圖像〈音樂課〉。

　　同時當時不只有笛卡兒座標系作圖。在討論角度的時候，有著另一種作圖方法，稱作極座標作圖 (r, θ)，給長度 r 與角度 θ。這種圖案做出來的圖形是一個繞原點的圖案。以下是電腦程式利用極座標作圖的圖形，見圖64。愛心的極座標圖：$r = 1 - \sin\theta$。又稱心臟線。

　　這個圖案又被稱作：笛卡兒的情書。這個流傳的故事內容是，瑞典一個公主熱衷於數學。笛卡兒教導她數學，後來他們喜歡上彼此。然而國王不允許此事，於是將笛卡兒放逐。他不斷地寫信給她，但都被攔截沒收，一直到第 13 封信，信的內容只有短短的一行：$r = a(1 - \sin\theta)$，國王看信後，發現不是情話。而是數學式，於是找了城裡許多人來研究，但都沒人知道是什麼意思。國王就把信交給公主。當公主收到信時，很高興他還是在

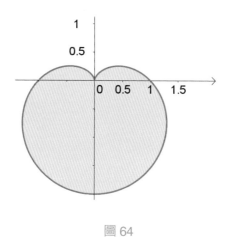

圖 64

想念她。她立刻動手研究這行字的秘密，沒多久就解出來，是一個心。$r = a(1 - \sin\theta)$，意思為你給的 a 有多大，r 就多大，畫出來的愛心就多大，我對你的愛就多大。看更多的極座標圖案，見表 2。由此表可了解自然界中，有許多的極座標作圖。

表 2

四葉草：$r = 1 + \sin 4\theta$	星星：$r = 5 + 1.5\sin 5\theta$	鸚鵡螺：$r = e^{0.17\theta}$

愛心 2：$r = (1.3 - 2\sin\theta)$	花朵 1：$r = 1 - \sin(\dfrac{\theta}{0.6})$	花朵 2：$r = -\sin(\dfrac{\theta}{0.6})$
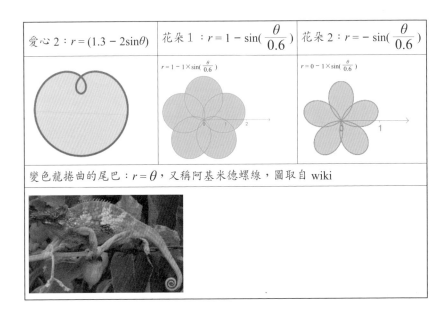		

變色龍捲曲的尾巴：$r = \theta$，又稱阿基米德螺線，圖取自 wiki

並且在中國熟爲人知的太極也是極座標的概念，見圖 65，但此圖可能是流傳後畫錯的，並不是畫半圓，我們看看以往的雕刻，見圖 66。很顯而易見的不是半圓。

圖 65　　　　　　　　　　　　圖 66 取自 WIKI。

　　事實上太極是春夏秋冬白天與夜晚比例，以半徑的黑白比例就是白天與夜晚比例，只是到夏至、冬至晝的部分故意對調，可形成點對稱的特殊圖形，見圖 67，否則我們應該看到心形，見圖 68。但若是心形，雖然我們知道他是以半徑爲晝夜比例，看起來的感官是一年之中的黑夜比較多，所以才故意在夏至對調。

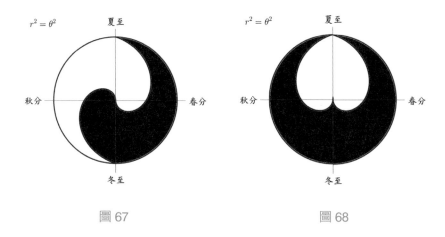

圖 67　　　　　　　　　　圖 68

　　補充：這邊指的白天與夜晚比例，不是 24 小時，而是會浮動的部分。完整的說：假設夏至的白天是 4：30 ～ 19：30=15 小時、冬至的白天是 6：30 ～ 17：30=11 小時，原文指的白天與夜晚比例就是這 4 小時的比例變化。

1.1.5 西元二十世紀數學是研究型態與樣式的科學

　　數學是深具創意的藝術，因此數學家應被視爲藝術家，而非擅長計算的會計師。

Paul Richard Halmos，美國數學家

　　數學是不依賴經驗的純粹人類思想產物，但它卻能如此精確地描述自然現象，這真是令人驚奇。

　　　　愛因斯坦（Albert Einstein），德國物理學家

　　我必須坦白地承認，我被自然界向我們所展現的單純且美麗的數學形態深深地吸引。我深信你也一定有相同的感動：自然界突然以如此美麗的數學形態出現在我們（物理學家）面前，使我們驚訝不止⋯⋯。

　　　　海森堡（Werner Heisenberg），摘自《給愛因斯坦的信》
　　　　（1901-1976），德國物理學家，量子力學的創始人之一

　　數學到底是什麼？從上述的歷史脈絡可看出：數學不僅僅是研究數字的學問，而且與形狀、運動、空間都相關。二十世紀數學的發展更加快速，一方面是抽象程度更加深化，另一方面也因應用面的擴大而生出新的分支，如電腦科學、統計與機率學等等大約共有三十多個數學學門。那麼，這麼多的數學學門是否有共通性？有的話，它們的「共通性」是什麼？各學門的數學家終於在約三十年前達到數學是什麼的共識：**數學是研究型態與樣式的科學**。數學家研究各種型態，比方說算術及數論研究數字與計數的型態，幾何學研究形狀的各種型態，微積分研究運動的形態，數理邏輯研究推理的形態，統計與機率學研究隨機事件的形態等等。

　　至於數學家為什麼要研究型態？這是人類心靈的深沉渴望之一：我們希望在渾沌的世界裡，找出秩序和事物的道理，否則會覺得活在這個世界上很迷茫。**愛因斯坦曾說：**「人們試圖用最合適自己的方法建構一個簡潔且合宜的內心世界圖像，並藉以取代

紛亂的現實世界；哲學家、科學家、藝術家都使用各自的方式將他們的情感放入『歸序』後的心靈世界，並因此獲得現實世界沒有的平安和喜樂。」

　　數學家和藝術家一樣，用創造力和想像力將現象「歸序」，數學家研究型態的動機與其說是實用考慮，倒不如說是美學考慮更為貼切。有趣的是，從美學考慮（非應用觀點）開始的數學研究很多在一段時日之後被發現有極重要的應用。最為人知的就是數論：它研究數字的型態，如質數在全部整數中的分布情形如何，如何將一個很大（超過 100 位數）的合數分解成很大的質數相乘等等看起來沒什麼用處的問題，然而，你會很驚訝地發現到，今天的資訊保密安全系統完全仰賴超大質數的特性才能作得到。見圖 69。

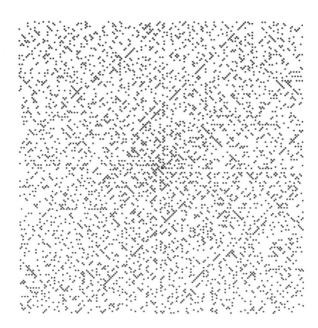

圖 69　數學家 Ulam 將 1 到 40000 的正整數排成 200×200 的方塊，其中黑點代表質數，白點是合數，可以看到質數分布的圖像。

　　在二十一世紀的今天，數學已滲透進我們生活的每個層面，但對大多數人而言，數學像空氣一樣：它無所不在，卻渾然不覺。譬如說，多媒體設計者都必須使用像 Flash 或 3D Max 這類軟體工具，卻不知它們是由相當複雜的幾何學所建構的。事實上，數位時代幾乎所有的軟、硬體都是執行數學方程式或邏輯式的載具，大到資訊、通訊系統及網路，小到筆電、手機及積體電路晶片（IC），都是各種數學形態應用的具體化。隨著人類文明數位化的普及、深入，數學與人類文明的關係更是與日俱增。如：貝茲曲線，見圖 70、71。

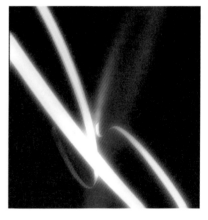

圖 70　有 5 個控制點的貝茲曲線（Beizer Curve），此類曲線是電影動畫及遊戲軟體設計必用的工具（作者使用電腦程式繪製）。

圖 71　作者使用 Flash 軟體繪出的貝茲曲線。

　　而貝茲曲線在哪邊會看的到？在微軟作業系統中的繪畫工具：小畫家的曲線工具，是如何畫出曲線的？它的原理與由來是

什麼？我們先看看小畫家如何畫曲線，圖中的曲線有號碼順序，
0 是起點、最大數值是終點、數字的順序是方向，見圖 72。

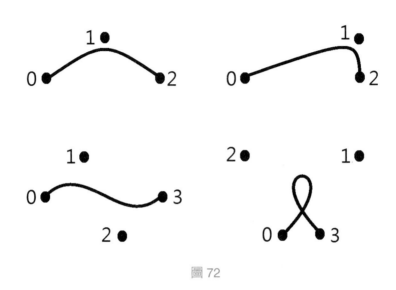

圖 72

　　曲線的原理是由 1962 年法國工程師皮埃爾‧貝茲（Pierre
Bézier）設計汽車的曲線，徒手繪畫的感覺不盡理想，為了使車
子看起更為自然平順，並更具有美觀性，他利用數學概念來做出
一個特別的曲線，稱做貝茲曲線，見圖 73 ～ 77。

　　一個控制點：$B(t) = (1 - t)^2 P_0 + 2t(1 - t)P_1 + t^2 P_2$, $0 \leq t \leq 1$，
見圖 73。

　　兩個控制點：$B(t) = (1 - t)^3 P_0 + 3t(1 - t)^2 P_1 + 3t^2(1 - t)P_2 + t^3 P_3$, $0 \leq t \leq 1$，見圖 74。

　　貝茲曲線可以做得相當複雜，可以到無限多個控制點。三個
控制點，見圖 75。以及我們也可看到繪圖軟體 Photoshop 的鋼筆

工具是用貝茲曲線的應用，見圖 76。我們的許多字體也有應用到貝茲曲線，見圖 77。此網站可以體驗貝茲曲線的藝術文字設計：http://shape.method.ac/?again，所以數學可以描繪出許多更漂亮精緻、自然的曲線，**並且動畫的移動路線，如兔子的奔跑，就是以此線來移動。**

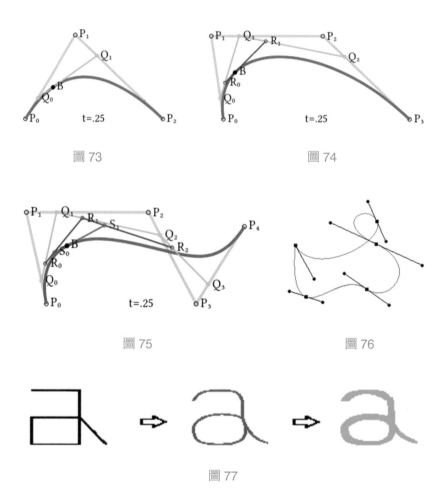

圖 73　　　　　　　　　　　　　　　　圖 74

圖 75　　　　　　　　　　　　　　　　圖 76

圖 77

補充說明

　　現在的電腦繪畫、動畫，要讓影像更生動、更自然，都是利用數學方程式。其中包括了移動、背景的風的細微影響、不同光源從不同角度的變化，這些用人力畫都是相當困難的，但由電腦卻可以輕易的達成。觀察更多的電腦繪製的數學圖案，見圖78 ～ 117。

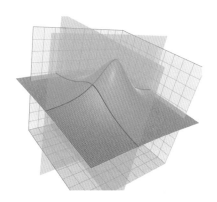

圖 78　三度空間的幾何曲面（作者使用電腦程式繪製）。

圖 79　作者用數學方程式畫出的對稱圖形。

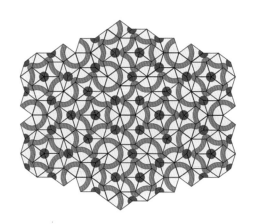

圖 80　拓樸（Topology）學家 Penrose 的鑲嵌樣式（Tiling Pattern）。

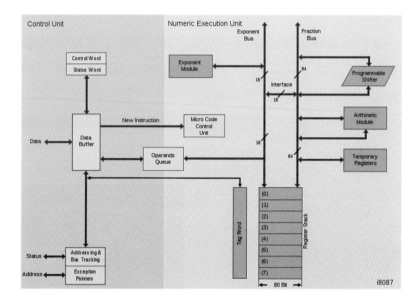

圖 81　積體電路結構圖，基本功能是數學及邏輯運算。

圖 82　3D 工具所建構的虛擬三度空間建築。

圖 83 由 3D 微分幾何投影及真實光度計算所作出的三度空間虛擬場景
（出處：Evermotion 的 database）。

圖 84 這是電腦繪圖作出的圖像，不僅空間感極逼真（透視原理），而
且，圖上每一點的光線強度由物理公式算出。所以，此圖的真實
感遠超過文藝復興時期畫家的期望。

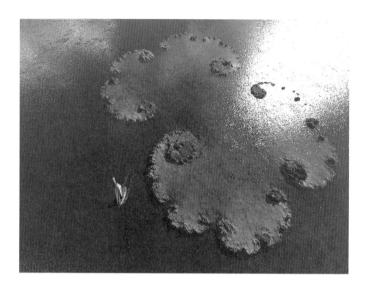

圖 85　由 Terragen@ 軟體製作的幻想虛擬風景（Virtual Landscape）。

　　圖 86、87 是用電腦畫出來的碎形圖案，但其實生活中有著更多的碎形圖案。

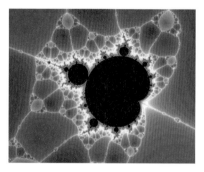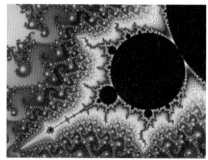

圖 86、87　電腦繪製碎形圖

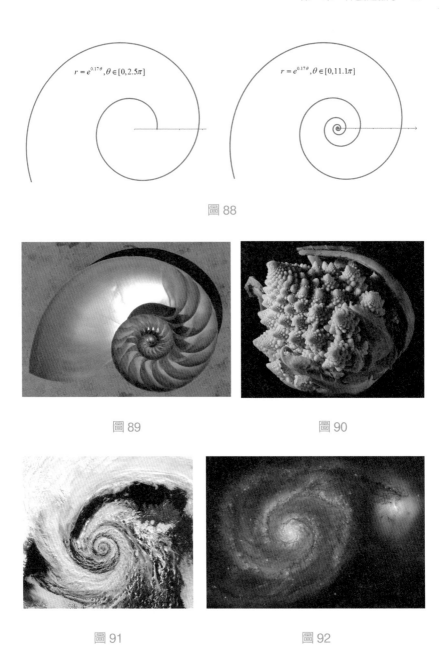

圖 88

圖 89   圖 90

圖 91   圖 92

圖 88～92　生活看到的黃金比例螺線，鸚鵡螺、羅馬花椰菜、颱風、
　　　　　宇宙，也是碎形結構。

圖 93　碎形拱門，其自我相似可參考影片：https://www.youtube.com/watch?v=zhuw8VLzBGE。

圖94　雪花的結構、都是邊長 $\frac{1}{3}$ 位置再作一個三角形，也是碎形的結構。

接著觀察 2D、3D 數學與動態的藝術影片。

電子的軌跡：https://www.youtube.com/watch?v=pCUv4X914fM，見圖 95。

風車：https://www.youtube.com/watch?v=LbFFv4cnTSM，見圖 96。

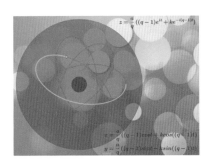

圖 95　　　　　　　　　　　　圖 96

花　瓣：https://www.youtube.com/watch?v=EC0qQMBX1jU，見圖 97。

旋　轉：https://www.youtube.com/watch?v=p_uJiKbSBnE，見圖 98。

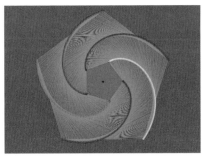

圖 97　　　　　　　　　　　　圖 98

蝴　蝶：https://www.youtube.com/watch?v=4N_5mMZRXkE，見圖 99。

兔子：https://www.youtube.com/watch?v=VKyq0UJkjgk，見圖 100。

圖 99　　　　　　　　　　　　　圖 100

蘋果：https://www.youtube.com/watch?v=8MNr6AeRzkU，見圖 101。

水滴：https://www.youtube.com/watch?v=lh2OEmChfag，見圖 102。

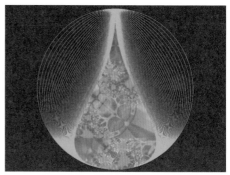

圖 101　　　　　　　　　　　　　圖 102

　　碎形樹：https://www.youtube.com/watch?v=Ma3Hh-KtoRE，見圖 103。

　　H 碎形與蒲公英與樹：https://www.youtube.com/watch?v=uMr2Zd99X-8，見圖 104。

圖 103　　　　　　　　　　　　　　　圖 104

　　砲彈與拋物線：https://www.youtube.com/watch?v=45iykkU-jTpU，見圖 105。

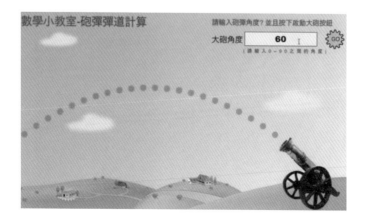

圖 105

鸚鵡螺與黃金比例：https://www.youtube.com/watch?v=Z_JbrxOIfeo，見圖 106。

圖 106

雞蛋與黃金三角形與橢圓：https://www.youtube.com/watch?v=H_9tB-LWUkE，見圖 107。

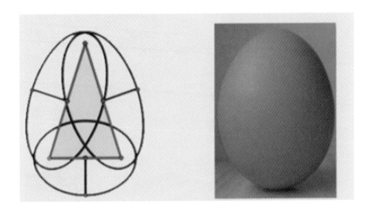

圖 107

貝殼：https://www.youtube.com/watch?v=jC0QiGkCHOU，見圖 108。

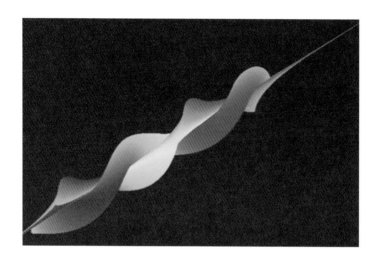

圖 108

花：https://www.youtube.com/watch?v=q1R412ErgVQ，見圖 109。

酒杯：https://www.youtube.com/watch?v=ywQA6HoF5v0，見圖 110。

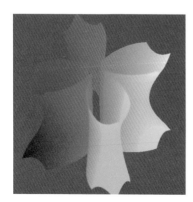

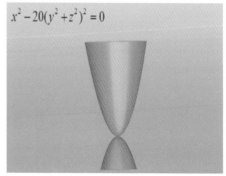

$$x^2 - 20(y^2 + z^2)^2 = 0$$

圖 109　　　　　　　　圖 110

帳篷：https://www.youtube.com/watch?v=3Bv1LeXA8Xo，見圖 111。

雨滴：https://www.youtube.com/watch?v=bZlYE0LBAw8，見圖 112。

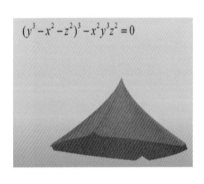

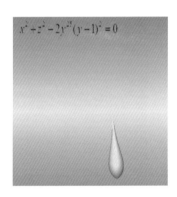

圖 111　　　　　　　　　　　　　　圖 112

檸檬：https://www.youtube.com/watch?v=iAxylxcgIBc，見圖 113。

扯鈴：https://www.youtube.com/watch?v=ATdEeQZy8d0，見圖 114。

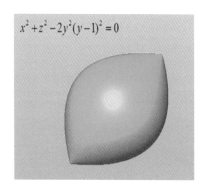

$x^2 + z^2 - 2y^2(y-1)^2 = 0$

圖 113

$x^2 + y^2 - z^2 - 1 = 0$

圖 114

　　玩偶：https://www.youtube.com/watch?v=FqP0UkSL9YI，見圖 115。

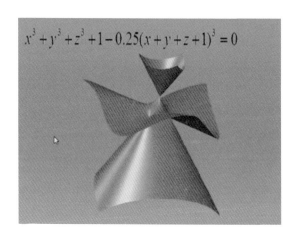

$x^3 + y^3 + z^3 + 1 - 0.25(x + y + z + 1)^3 = 0$

圖 115

　　也可以在 Youtube 搜尋波提思互動數學：方程式的藝術，觀察更多的數學與藝術的影片。

　　同時在二十世紀末我們的投影作圖技巧再度提升，做出了許多街頭藝術或稱錯覺藝術。而這些藝術都是相似形的應用，可在路邊看到很立體的地板藝術畫，見圖 116。或是在網路上看到不可思議的視覺幻覺：參考此連結 https://www.youtube.com/watch?feature=player_ embedded&v=cUBMQrMS1Pc。其實這些都是相似形的應用。觀察地板藝術完整的實體繪畫過程 http://www.ttvs.cy.edu.tw/kcc/95str/str.htm。原因可觀察圖 117，理解立體的原理。

　　其實街頭立體畫只有在特定角度與距離才能看到立體形狀，而其他位置都會看到不一樣的比例變型。此藝術又稱錯覺藝術。現在也有用此藝術介紹汽車產品的廣告。換句話說，將遠方畫到紙上，是相似形縮小，取截面到紙上。畫立體圖則是相似形放大，地板是截面。

圖 116　以秦俑坑為背景的大型立體地畫，出處：香港歷史博物館。

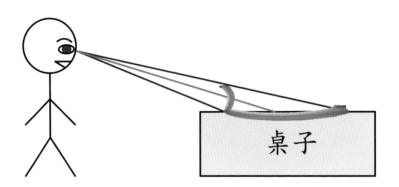

圖 117 立體化的幾何原理示意圖。

1.1.6 西元二十一世紀：數學與藝術再一次的融合：第二波的文藝復興

如 1.1.5 所述，二十世紀末，電腦科技的進步促成電腦動畫及碎形藝術的蓬勃發展。到了二十一世紀初，數學與藝術創作的關係更加緊密：電腦動畫已跳脫動畫及電影特效的範圍而形成各種以數學演算法創作藝術的新方向。很多藝術家也都開始領悟，開始使用數學演算法創作藝術。其中最有趣的就是通稱為衍生藝術（Generative Art）的創作形式。所謂的衍生藝術目前有很多說法，我們暫且採用 wiki 的定義：**衍生藝術是泛稱使用「自動化」系統產生之後再經由藝術家依據個人美學偏好「選擇」或「修正」之後的藝術作品**。而所謂的「自動化」系統可以是機械式或電腦演算法則，目前較常見到的衍生藝術多半使用演算法則創作。因此，有時也被稱為演算法藝術（Algorithmic Art）。參考圖 118，了解衍生藝術或演算法藝術的創作過程。

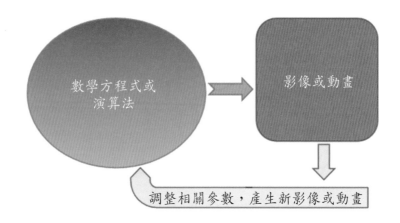

圖 118　衍生藝術創作過程示意圖

　　衍生藝術所使用的演算法可以從最簡單的代數方程式到最複雜的非線性數學，而選擇演算法的標的並非要解決數學問題，反而是演算法所能表現出藝術家心目中想要創作出的影像或動畫。事實上，衍生藝術的概念早在十八世紀就以衍生音樂（Generative Music）的形式出現了。莫札特（Mozart）曾作過一曲 Musikalisches Würfelspiel（擲骰音樂），它的創作過程：依據擲骰的結果選出預先寫好的音樂片段，再將這些片段組合成小步舞曲（Minuet）。到了二十世紀，音樂家 J・Cage、K・Stockhausen 和 Brian Eno 也都創作了不同形態的衍生音樂，詳情可參考：

　　(1) http://www.x-tet.com/babyreindeer/essay.html

　　(2) http://en.wikipedia.org/wiki/Generative_music）

　　由歷史發展而言，衍生藝術的產生始於音樂（衍生音樂），再擴展至空間藝術如繪畫、動畫。為何有如此的順序，當然和科技的進展相關：電腦處理音訊比處理圖像及視訊容易得多，因

此，要等到電腦繪圖成熟才能支援視覺形態的衍生藝術。圖 119 是作者的學生使用最簡易的數學繪圖軟體繪出的習作。強調的重點是：**不必熟習演算法，就可創作衍生藝術！**

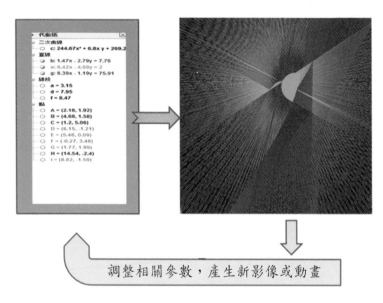

圖 119　學生作品：左側是簡易的代數方程式，右側是產生的動態影片

目前大多數衍生藝術家使用的演算法軟體有 processing（類似 Java）或 Action Script 3.0。圖 120 ～ 127 是專業衍生藝術家的作品介紹，建議讀者上網觀看動態。

Noise05: http://www.openprocessing.org/sketch/155121，見圖 120。

Cerceos: https://www.tumblr.com/tagged/generative-art，見圖 121。

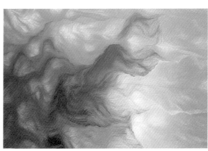

圖 120 　　　　　　　　　　圖 121

　　無標題：http://giphy.com/gifs/image-processing-ignofactory-nJfAMc1QobGLe，見圖 122。

　　Architecture: http://giphy.com/gifs/art-artist-on-tumblr-architecture-xiP8QcGp60goM，見圖 123。

圖 122 　　　　　　　　　　圖 123

Morphing Fractal Curves1: http://rectangleworld.com/demos/ MorphingCurve2/MorphingCurves2_black.html，見圖 124。

圖 124

Morphing Fractal Curves2: http://rectangleworld.com/blog/archives/538，見圖 125。

圖 125

No name: http://giphy.com/gifs/aferriss-art-processing-adam-ferriss-Ysic2UTYMnMMo，見圖 126。

Nodebox: http://giphy.com/gifs/generative-art-nodebox-YW-ZOc4fdReRd6，見圖 127。

圖 126

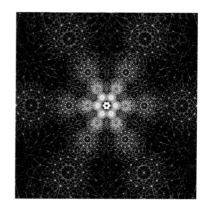

圖 127

再談衍生音樂

　　誠如上述，由歷史發展而言，衍生藝術的產生始於音樂（衍生音樂），到了二十世紀，音樂家 J・Cage、K・Stockhausen 和 Brian Eno 也都創作了不同形態的衍生音樂。更由於電腦技術的進步，衍生音樂的創作方式也趨向多元化：即時性及非即時性，演算法的多樣化等等。其中 Brian Eno 的作品更爲人知，請聆聽他的作品：Brian Eno & Harold Budd | Ambient 2 - The Plateaux Of Mirror | Whole album HD，連結如下：https://www.youtube.com/watch?v=j0Sz0lgYhKw。Brian Eno - Discreet Music，連結如下：https://www.youtube.com/watch?v=wG03l_fMI70

總結

　　我們綜合上述文明進展和數學的歷史來回答「什麼是數學？」。**數學是研究數量、結構、空間、變化並從中尋找出共同形態及樣式的學問。它使用演繹推理的方法，由合理的臆測或合乎直觀的公理開始，經由嚴謹的邏輯推論得到定理。歷經「抽象化」和演繹推理的過程，數學從計數、測量、形狀及運動的有系統研究，進展成研究形態及樣式的學問。**在文藝復興時代，數學與藝術產生了第一次的融合。到了二十一世紀，數學作為藝術創作工具及思考表達的典範再次與藝術結合，促發了第二波的文藝復興。因此，僅將數學視為科學的工具是錯誤的看法。數學是人類對理性及美感的表達，同時也是科學的語言。當今的數學教育僅強調數學是科學的工具，而全面忽視數學的藝術、文化面。這種教育方式就好像只學習語文的應用面而完全忽略了文學，殊為可惜。

1.2 數學與音樂

　　如果我們形容音樂是感官的數學，那麼數學就可說是推理的音樂。

　　　　　　　　James Joseph Sylvester（1814-1867），英國數學家

　　所有的藝術都嚮往音樂的境界，所有的科學都嚮往數學的境界。

　　　　　　　　George Santayana（1863-1952），美國哲學家

　　相對論的最初構想是以直覺的方式向我展現，而音樂是啟動這個直覺的原動力，因此可以說，我的發現是音樂洞察力的結果。

　　　　愛因斯坦（Albert Einstein）（1879-1955），德國物理學家

　　數學和音樂及語言一樣，都是人類心智自由創造能力的展現。此外，它更是人類溝通抽象概念的共同語言。因此，數學應被視為人類知識及能力的重要組成，必須被教導且傳承至下一代。

　　　　　　　　　　　　　　　Hermann Weyl，德國數學家

　　數學和音樂，都必須使用一套精確的符號系統以正確表達抽象概念，因此，數學符號和樂譜有極相似的圖像，見圖 128。

圖 128　作者自己製作的圖像，音樂是 Vitali 的 Chaconne，再加上一些數字符號可發現兩種符號很相似。

　　為何說，數學是推理的音樂？我們可以從四個層面來說明。

1.2.1 物理層面

　　音樂是聲音構成的，而聲音從物理學而言就是空氣的波動（振動），而振動的快慢決定了聲音的音高。譬如說，鋼琴調音常用的音叉之一是 A 音（La），它的振動是每秒 440 次，我們稱之為 440Hz。如果振動次數加倍，所產生的聲音和原本的 La 有何關係？你會發現：440Hz×2 = 880Hz，也就是每秒振動 880 次所產生的聲音正好是 La 的高八度音！更有趣的是：假若你打開鋼琴的上蓋，你會發現到高八度 La 鍵所敲打的鋼弦的長度正好是原本（低八度）La 音所對應弦長的一半！所有學過弦樂器的都知道，左手指按弦的動作就是經由改變琴弦的振動長度來發出不同的音高。

　　事實上，弦長與音高的比例關係早在希臘時期就由畢德哥拉斯發現了：C 音（Do）的弦長與 A 音弦長的比例是 4：5，D 音（Re）的弦長與 A 音弦長的比例是 3：4，E 音（Me）是 2：3，F 音（Fa）是 3：5。由於畢德哥拉斯相信宇宙規律是數字關係，因此他深信天體運行會發出和諧的聲音，而「和聲」（Harmonic）的基礎就是簡單的整數比。雖然他的看法不盡正確，但簡單整數比的音高組合仍是今日和聲學的基礎。見圖 129。而和弦的概念是畢德哥拉斯先找出大多數人喜歡的聲音，作為基準音 C，再根據此音的弦長度按壓不同的位置，找出大多數人能接受與 C 一起彈奏時具有合音效果的音，與 C 具合音效果的音在現在被稱為 C 和弦，並且發現這些音的弦長按壓點的比例是整數比。於是畢德哥拉斯利用這些概念決定了音程，最後畢德哥拉斯

創造**五音的音律**。表 3 是放上七音的音律部分,這也是我們弦樂器按的位置,一直沿用至今。

圖 129 中世紀的木刻,描述畢氏及其學生用各種樂器研究音調高低與弦長的比率關係。

表 3

音階		比例	按壓點	圖
Do	C	1	空彈	———————
Re	D	8：9	$\frac{8}{9}$ 壓住	——●————
Mi	E	64：81	$\frac{64}{81}$ 壓住	————●——

音階		比例	按壓點	圖
Fa	F	3：4	$\frac{3}{4}$ 壓住	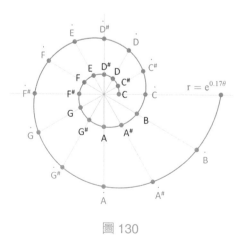
Sol	G	2：3	$\frac{2}{3}$ 壓住	
La	A	16：27	$\frac{16}{27}$ 壓住	
Si	B	128：243	$\frac{128}{243}$ 壓住	
高八度 Do	高八度 C	1：2	$\frac{1}{2}$ 壓住	

　　但音階的產生不是那麼的容易，它存在音程的問題。現在的音階是約翰·白努利（John·Bernoulli），在一次的旅行途中，遇見音樂家巴哈（Bach），為了解決某些音程的半音＋半音不等於一個全音的問題，發現到其音程結構，如同 $r = e^{a\theta}$，如果令每 30 度一個音程，就可以漂亮解決全音半音問題。其結構是現在的平均律。也就是 7 個音階，讓現代創造出各式各樣的音樂。見圖 130

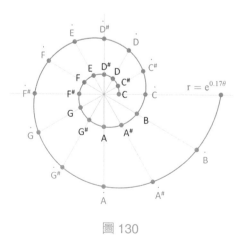

圖 130

　　同時熟知的聲音 Do、Re、Mi 是一種波形，以及單音組成的和弦也是波形，如：Do + Mi + Sol = C 和弦，可用數學方程式表現。見圖 131、132。或參考此連結：https://www.youtube.com / watch?v=WZTtX6L7Wzk。

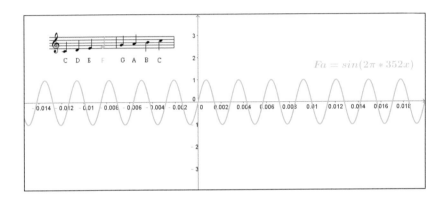

圖 131　Fa 的函數圖

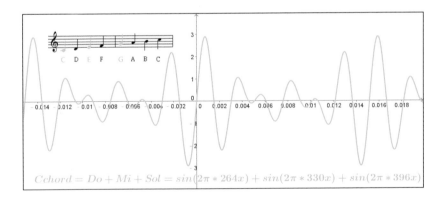

圖 132　C 和弦的函數圖

數字是所有事物的本質。

弦的振動中有幾何學,天體的運行中有音樂。

畢德哥拉斯

音樂是最抽象的藝術形式,它的基本元素是聲音,它的呈現是聲音的組合,而且音與音之間的關係是比例關係。因此,單從物理層面而言,音樂作爲最抽象的藝術,必然和最抽象的科學:數學,有極相似的地方。這就說明了爲何希臘人將音樂視爲數學的一支。(註:希臘人及中世紀所謂的四藝(Quadrivium),指的是算術、幾何、音樂與天文,音樂和天文一樣,都是數學的一支)。音樂也是自然界的事實呈現:八度音程是數學眞理,5 度和 7 度和弦也是。因此,二十世紀的流行音樂家詹姆士・泰勒(James Taylor)也有類似的感受:「物理定律規範著音樂,所以音樂能將我們拉出這個主觀而紛擾的人世,而將我們投入和諧的宇宙。」見圖 133、134。

圖 133 貝多芬第 5 交響曲第一樂章前兩小節就是動機(Motif),由此展開整段旋律,就像數學演繹,由公理出發,導出定理。

圖 134　貝多芬第 5 交響曲第一樂章的前 16 小節，由上述的動機小節經由曲式原則展開成第一主旋律。

1.2.2 結構層面

　　音樂是由聲音和節奏建構起來的，它的「語法」及「文法」並非任意的，音樂的構成就如同數學，是被心智深層所要求的結構及組織規範著。因此，它有其基本的處理聲音和節奏的規則，正如同算術中的四則運算，這些「運算」有**重複**（Repetition）一段樂句，**反轉**（Inversion）一段樂句或**轉調**（Modulation）等等基本運作。作曲家從最初的動機或樂想（通常只有幾小節）作起點，使用上述基本運作發展成較長的一段樂句，再將這些較長的樂句依據某個曲式（Music Form）發展成完整的樂章。如貝多芬的第 30 號鋼琴奏鳴曲的第三樂章就是一個很好的例子：由他鍾愛的 16 小節樂句開始：Gesangvoll，mit innigster Empfindung。（從內心很感動的，如歌的行板）開展成 6 個變奏曲（Variation），見圖 135。

圖 135　貝多芬第 30 號鋼琴奏鳴曲，第三樂章主旋律（16 小節樂句），
　　　　這段音樂可從 Youtube 的網站免費聆聽，網址如下：https://
　　　　www.youtube.com/watch?v=5qMzooVJOFE

　　至於什麼是曲式？如同數學在過去 400 多年來研究出許多
形態和樣式一樣，西方音樂也發展出許多豐富的曲式，如賦格
（Fugue）、奏鳴曲式（Sonota）、交響曲式（Symphony）等
等。一般而言，曲式的結構嚴謹，有一定的規則，很像數學中
的演繹推理。因此，近年來有許多音樂學者使用抽象代數（Ab-
stract Algebra）的方法來分析，了解曲式的結構。如平均律的所
有調性形成一個可交換群（Abelian Group），這個結論讓我們
可以從交換群的特性看出轉調規則的原因，見圖 136、137。

圖136 反轉（Inversion）的例子：巴哈鋼琴平均律的一小段：上半旋律
　　　的起音是 A，下半旋律的起音是 E，當上半旋律向上行，下半旋
　　　律就向下行等量的音高，反之，當上半旋律向下行，下半旋律
　　　就向上行等量的音高。

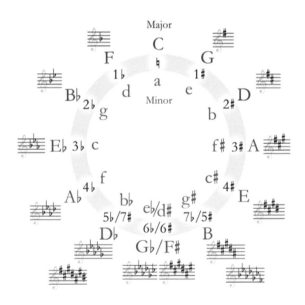

圖137 平均律（12 個音）所有的調性形成一個 Abelian 群

　　我們不必也不需要在此探討什麼是可交換群，只要了解到：從結構層面而言，音樂與數學的關係之密切遠超過我們的預期。二十世紀作曲家史特拉汶斯基（Stravinsky）曾說：「音樂的曲式很像數學，也許與數學的內容不相同，但絕對很接近數學的推理方式。」

1.2.3 創作層面

　　音樂創作過程和數學的演繹思考過程很類似，這過程中智性的渴望和美感的需求交織在一起，努力尋找最適切的旋律、和聲、規則與合乎內在邏輯的表達形式。一般而言，音樂和數學創作都源自一個抽象概念，音樂上稱為動機（motif）或樂想，數學上就是猜測（conjecture）。從這個起點開始，音樂家思索最佳的曲式將原始動機展開成完整的樂章，這個抽象的歷程與數學家探索各種形態，並以演繹推理來證明或反證原本猜測的心路歷程完全相同。例如，十七世紀音樂家巴哈的賦格音樂就深具數學形態的結構和變化。巴哈大部分作品在旋律及節奏上都依循嚴謹的對法及和聲規則，因此聆聽者在感受到巴哈音樂之美的同時，也深刻體會到巴哈音樂特有的數學結構之美。

　　到了二十世紀，由於電子音樂的發明，作曲家的表現手法有了更多的可能性：樂器不只侷限於傳統樂器，聲音的表現也不再侷限於演奏者，因而產生了很多革命性的創作，而且，很多音樂創作都引用了數學處理抽象概念和結構的方法。其中最有代表性的音樂家是伊阿尼斯‧澤納基斯（Iannis Xenakis），他認為作曲就是將抽象概念的樂想加以具體化，並賦予合理結構的創作

過程。他率先使用統計學、隨機過程及群論的數學概念在他的創作，例如，為大提琴獨奏而作的 Nomos Alpha 就用了群論的結構，芭蕾舞劇 Pithoprakta 的配樂則使用了統計方法。

此外，由於電子音樂及電腦音樂的技術在過去三十年突飛猛進，使得音樂創作增添了更多面向。其中很重要的面向是空間化（Spatialization）：傳統音樂因受限於演奏者、樂器及演奏空間，所呈現出的音樂有一定的回音，個別回音讓我們感受到音樂所存在的空間大小、聲音行進的方向等等。然而，使用數學方法（數位信號處理技術），我們可將音樂的回音部分修改成我們想要的空間感。現代很多電影音樂也都採用這類技術以達成所要的音效。德國作曲家史托克豪森（Stockhausen）是其中的佼佼者，他的作品都有強烈的空間感。

從上述的實例我們可以發現到：作曲家在創作過程中都有意識（如 Xenakis）或無意識（如 Bach）地採用數學方法使音符「歸序」，藉以正確表達他們所要傳達的音樂情感。事實上，這一點也不奇怪，畢竟，音樂和數學一樣，都必須掌握抽象概念並盡可能正確、精準地表達出來。

已知數學在生活中用到的地方不勝枚舉，如數學與建築、利用電腦與數學作出動畫，也與生物密碼不可分離等等。更甚至數學、**音樂**與藝術三者之間也有著相當複雜的關係，數學家畢德哥拉斯創造音階，而約翰・白努利與巴哈完善音程問題（平均律），尤拉更寫下《音樂新理論的嘗試（Tentamen novae theoriae musicae）》，書中試圖把數學和音樂結合起來。一位傳記作家寫道：這是一部「為精通數學的音樂家和精通音樂的數學家而寫的」著作。牛頓發現顏色在光譜的頻率關係，並定下自己認

為顏色與音階的關係，見圖 138。而亞歷山大‧史克里亞賓（Alexander Scriabin）對顏色與音階的關係，見圖 139。其他藝術家也各自定義，參考此連結：http://theappendix.net/blog/2013/10/experimental-music-and-color-in-the-nineteenth-century

　　牛頓與史克里亞賓的音階定義顏色，也可在此連結看到，或是搜尋此關鍵字「Three centuries of color scales」。這些都是數學與藝術的結合，藉由各種方法來讓看不見的抽象概念看得見。

C - 紅　　D - 橙　　E - 黃　　F - 綠　　G - 藍　　A - 紫　　B - 紫紅

圖 138　牛頓的和弦與顏色

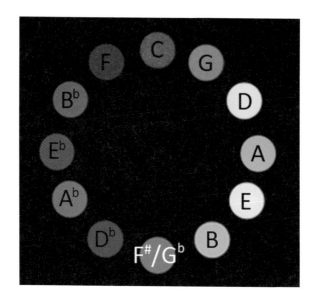

圖 139　史克里亞賓的和弦與顏色

　　到了十九世紀印象派（Impressionism）時期，有更多的藝術家思考讓畫作更為生動、真實、立體，見圖 140、141，它們注意到光是由很多顏色組成，這邊可由三稜鏡色散發現到白光可構成彩虹，見圖 142，並且黑色並不只是黑色而是深色的極致。並且在不同的光源下看到的顏色也是不盡相同。所以他們認知到不用固有的顏色來創作，而是用基本的幾顏色加以組合就可以達到想要的效果。如：紫色，能以紅點加藍點並排來表現，見圖 143。這種視覺觀感因為光的波長是數學函數，兩個光疊在一起時，如同兩函數的合成。而這種讓圖案更為生動立體的手法也用在現代的 3D 電影中，利用兩台播放機與色差眼鏡來製造立體感，見圖 144。

圖 140　印象派的代表作：日出，取自 WIKI 共享，作者：莫內。

圖 141　星夜，取自 WIKI 共享，作者：梵谷。

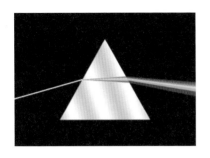

圖 142   圖 143

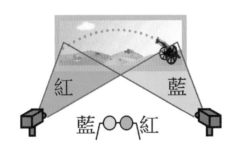

圖 144

　　而這種畫法在 1880 年代又被再度強化，只用四原色的粗點來進行繪畫，稱為彩畫派，又稱新印象主義、分色主義。創始人是秀拉（Georges-Pierre Seurat）和希涅克（Paul Signac）。它的概念如同電視機原理，利用人眼視網膜解析度低，也就是模糊時看起來的是一個整體。見圖 145。

圖 145　檢閱，取自 WIKI 共享，作者：秀拉。

　　這些畫法再度給音樂家創作的靈感，產生了印象主義音樂
（Impressionism in music）。此主義不是描述現實音樂，而是建
立在色彩、運動和暗示，這是印象主義藝術的特色。此主義認
爲，純粹的藝術想像力比描寫眞實事件具有更深刻的感受。代表
人物爲德布西（Achille-Claude Debussy）和拉威爾（Joseph-Mau-
rice Ravel）。印象主義音樂帶有一種完全抽象的、超越現實的
色彩，是音樂進入現代主義的開端。德布西以〈富嶽三十六景的
神奈川縣的大浪〉此畫（見圖 146）創作音樂作品：海 La mer。

可參考 YOUTUBE 連結 https://www.youtube.com/watch?v=c_r-jvUKgys。

圖 146　富嶽三十六景的神奈川縣的大浪，圖片取自 WIKI 共享，作者：
　　　葛飾北齋。

　　點彩畫派也影響二十世紀音樂發展，奧地利音樂家安東・魏本（Anton Webern）就應用此方式作曲。可參考 YOUTUBE 連結 https://www.youtube.com/watch?v =haTtMJo8HmY。

　　到了現代，數學、音樂與顏色三者的結合，替色盲患者帶來了色彩，「聽見」顏色。內爾・哈維森（Neil Harbisson）是一位愛爾蘭裔的英國和西班牙的藝術家，為一位色盲藝術家，但他在 2004 年利用高科技，以**聲音**的**頻率**讓他「**聽**」到**顏色**。他將電子眼一端植入在頭蓋骨中，而鏡頭看到顏色後會將資訊變成對應的聲音傳到大腦，於是他聽到了顏色。從此世界變成彩色。由以

上內容可以發現數學、音樂與藝術都是息息相關的，互相影響發展史。

　　牛頓發現顏色在光譜的頻率關係，並且自己定下顏色與音階的關係。除了音樂家將和弦思考為有顏色性，表現的有色彩張力。也有畫家將畫作表現得有如音樂一般熱鬧。二十世紀初抽象派畫家瓦西里‧康定斯基（Kandinsky: 1866-1944），他在莫斯科大學成為教授之前學過經濟學和法學。康定斯基使用各種不同的幾何形狀和色彩，企圖使圖像呈現出音樂般的旋律及和聲，見圖 147、148。

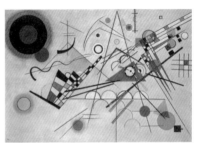

圖 147、148　二十世紀初抽象派畫家康定斯基的作品，他使用各種不同的幾何形狀和色彩，企圖使圖像呈現出音樂般的旋律及和聲。

　　荷蘭的蒙德里安（Piet Cornelies Mondrian: 1872-1944）是現代主義（Modernism）藝術的藝術家，開始時蒙德里安創作風景畫，後來他轉變為抽象的風格。蒙德里安最著名的是用水平和垂直的黑線為基礎創作了很多畫作。蒙德里安認為，數學和藝術緊密相連。他用最簡單的幾何形狀和三原色：藍、紅、黃，表達現實、性質、邏輯，這是一個不同的觀點。蒙德里安的觀點：任何

形狀用基本幾何形狀組成，以及任何顏色都可以用紅、藍、黃的
不同組合來建立。而黃金矩形是一個基本的形狀，不斷出現在蒙
德里安的藝術中。見圖 149、150。蒙德里安在 1926、1942 年做
了這兩幅畫，圖中有很多黃金矩形，並以紅色、黃色和藍色組
成。

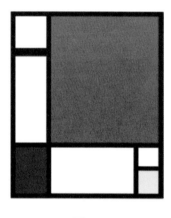

圖 149

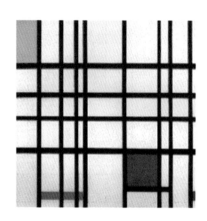

圖 150

同時的法國畫家：保羅・塞尚（Paul Cézanne: 1839-
1906），也有與蒙德里安類似的想法。他認為空間的形體可用圓
錐、球等等立體幾何來構成，他的藝術概念經數學家研究後與空
間拓樸學吻合。保羅・塞尚的風格介於印象派（Impressionism）
到立體主義（Cubism）畫派之間。塞尚認為「線是不存在的，
明暗也不存在，只存在色彩之間的對比。物象的體積是從色調準
確的相互關係中表現出來」。他的作品大都是他自己藝術思想的
體現，表現出結實的**幾何**體感，忽略物體的質感及造型的準確
性，強調厚重、沉穩的體積感，物體之間的整體關係。有時候甚

至為了尋求各種關係的和諧而放棄個體的獨立和真實性。塞尚認為：「畫畫並不意味著盲目地去複製現實，它意味著尋求各種關係的和諧。」從塞尚開始，西方畫家從追求真實地描畫自然，開始轉向表現自我，並開始出現形形色色的形式主義流派，形成現代繪畫的潮流。塞尚這種追求**形式美感**的藝術方法，為後來出現的現代油畫流派提供了引導，所以，其晚年為許多熱衷於現代藝術的畫家們所推崇，並尊稱他為「現代藝術之父」。見圖151、152。

圖 151

圖 152

　　1913年，俄羅斯的卡濟馬列維奇（Kazimir Malevich）創立至上主義（Suprematism），並於1915年在聖彼得堡宣布展覽，他展出的36件作品具有相似的風格。至上主義根據「純至上的抽象藝術的感覺」，而不是物體的視覺描繪。至上主義側重於基本的幾何形狀，以圓形、方形、線條和矩形，並用有限的顏色創作，見圖153。

　　卡濟馬列維奇的學生李西茨基（El Lissitzky: 1890-1941），他是藝術家、設計師、印刷商、攝影師和建築師。他的至上主義藝術的內容影響構成主義（Constructivism）藝術運動的發展。因為他的風格特點和實踐，自 1920 到 1930 年影響了生產技術和平面設計師。見圖 154、155、156

圖 153

圖 154

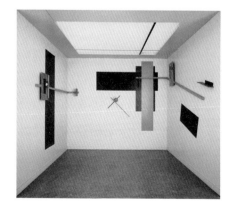

圖 155

圖 156

由新的藝術想法也帶來許多具有特色性的建築物，如解構式建築，見圖 157。

圖157 解構主義建築，取自WIKI，CC3.0，作者，Hans Peter Schaefer。

我們可以觀察到數學、音樂與藝術一直互相影響。所以想要學習抽象的數學就要從抽象的藝術來引發興趣再來學習。

1.2.4 呈現層面

音樂和數學一樣，都需要一套比日常語言更精準、更邏輯的符號系統才能正確呈現出來。在音樂，這套系統稱為樂譜（五線譜），在數學，這套系統就是一大堆希臘字母及怪異的數學符號。但是，五線譜不等於音樂，必須被演奏出來，使聆聽者「聽到」才是音樂。同理，數學符號也不等於數學，也需要被「演奏」，才能呈現它的意涵。然而，音樂和數學在呈現方式上有很大的不同，舉例說明：大多數人都有到 KTV 唱歌的經驗，聽到音樂就可跟著唱，根本不必看得懂五線譜。為什麼呢？因為音樂

除了五線譜之外，還有已被演奏出的音樂讓我們聽得到，所以能夠跟著唱。

至於數學，它的「演奏出的音樂」在哪裡？如何「演奏」出數學的音樂，使得學習者能經由數學符號**聽到**或**看到**數學的內涵？這正是目前數學教育最大的缺陷：從小到大的數學教育花了 90% 以上的時間在技巧及解題（看樂譜，學樂理，做和聲習題），至於數學的音樂部分（數學的內容，美學，歷史）幾乎完全不存在。你能想像音樂教育只教樂理和技巧，而聽不到音樂嗎？數學教育的現狀正是如此，難怪大多數學生厭惡數學！一般數學教育的看法認為數學在各領域的應用就是數學的內容，這種看法充分顯現在教材的設計，譬如說，教到一元二次方程式之後，舉例說明它在物理學上的應用，就等於交待了數學內涵。

事實上，數學內涵遠超過數學應用，數學如果僅僅被理解成有用的學問，完全不提它的美學內涵，就一點也不有趣了。再以音樂為例，你能想像音樂教學僅限於電影配樂、背景音樂嗎？因此，數學教學的最大挑戰就是有沒有方法可以使學習數學如同學習音樂一樣，**聽到**或**看到**數學的內涵？歸納我多年的觀察及個人經驗，發現到天生數學好的人多半都有意識或無意識地為自己找到一套可以「看到」數學的方法，自我補足了制式教育的缺口。事實上，許多數學家，就是有各自的方式將抽象概念轉為具體圖像，這種能力是想像力的一種，他們有心靈的眼睛，**看得見數學**。這些方法一般人可以作到嗎？在二十世紀的今天，我們很幸運，拜現代科技之賜，能夠經由電腦的幫助，讓我們「看到」數學。在電腦問世之前，我們只能用想像力；但現在，有了電腦，能夠把幾乎所有的方程式畫出來，使我們「看到」數學。

「**讓看不見的東西看得見**（Making the invisible visible）」，這句話是二十世紀包浩斯（Bauhaus）表現派畫家保羅·克利（Paul Klee）的名言：「繪畫就是要讓看不見的東西看得見。」見圖158、159。

 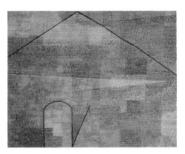

圖 158、159　克利（Klee）的作品以顏色形成類似和聲和節奏的美。

　　同樣地，藉由電腦，我們可使看不見的抽象概念看得見：**看到數學，聽到推理的音樂**。見圖 160 到 163。

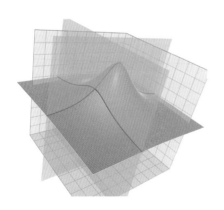 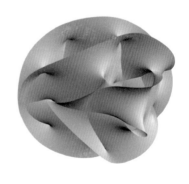

圖 160　電腦繪圖讓我們看得到數　　圖 161　超弦理論中的 Calabi-Yau
　　　　　學方程式。　　　　　　　　　　　　曲面，電腦繪圖讓我們
　　　　　　　　　　　　　　　　　　　　　　　看到此曲面的直觀意涵。

圖 162 作者用程式畫出的非線性系 統在三度空間的軌跡，可 協助理解複雜系統。

圖 163 作者用程式畫出的碎形 （Fractal）數學的圖像。

那麼，「看得到」數學有助於理解嗎？當然是的！就好比先聽音樂，再學看譜就容易多了。一般而言，小學生學習算術不會有太大的困難，因為算術的四則運算相當具體，可用圖形說明加減乘除。但是一到國中開始碰到未知數的抽象概念，問題就出現了，而且往後的抽象層次越來越高，就越來越焦慮，越學不好。要能夠看到方程式到底在作什麼，才能真正掌握抽象概念，也就不需要死記一堆不必要的公式。舉例說明：

(1) 為什麼地表上的東西會往地面落下？一般的標準答案是因為有「地心引力」，就我來看，這個答案毫無意義，我們乾脆把地心引力稱為「魔力」也一樣。問題在於這所謂的標準答案根本無法描述萬有引力（Gravitation Force）這個抽象概念是如何運作的，而只有用數學方程式能把這個概念說清楚。三百年前的伽利略花了不少時間才找到拋物線的軌跡（位移與時間平方成正比）來「看到」引力這個抽象概念的呈現。

(2) 古代人想模仿鳥兒揮舞雙手在天空翱翔，但卻失敗；可

是，現在的飛機，都是笨重的金屬，怎麼飛得起來？何況，飛機的機翼是僵硬的，也不上下振動，如何飛？標準答案：飛機靠引擎的動力起飛。同樣，這也是一句無意義的話。要了解飛機起飛的原理，必須看到流體力學的方程式，我不是說要了解流體力學方程式，只要能從流體力學方程式的圖像看出引擎發動後，機翼下方的往上推力會大於機翼上方的往下推力就足夠了。

同樣的道理，很多三角函數的公式只要能夠畫出圖形就懂了。甚至較難的微積分也一樣，能夠看到函數，看到微分或積分的動態圖像，就很容易理解了。看到數學之後，再看推理證明，也就是先學會唱歌，再學看譜的道理。可惜，有了電腦工具的今天，數學教育的方式還是讓學生套公式解問題，沒有引導學生看到數學，領會到數學之美，學生沒有學習的動機和興趣，如何能要求他們學好數學？

見圖 164、165，了解先看到圖案再學公式。

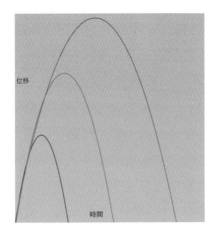

圖 164　伽利略由重力加速度的概念導出彈道軌跡是拋物線的方程式。

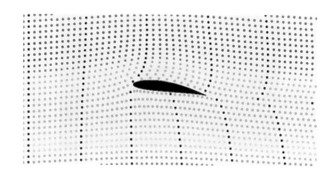

圖 165　從機翼剖面上下的氣流動線（力場）可協助理解為何飛機有向
　　　　上的推力，因此可以飛，其飛行原理和鳥的飛行全然不同。

　　並且聲音也是現代重要的科技研究內容之一，聲音是數學的
一部分，聲音可用三角函數來表示，如前面有提到的 Do、Re、
Mi，三角函數是分析所有波動現象的必要工具。那麼什麼是
「波動」呢？從物理特性而言，波動的形狀應有下列特性：有波
峰，有波谷並且相同的曲線一再重複。「一再重複」的函數稱為
週期函數（Periodic Function）。所謂週期，就是函數曲線重複
一次時，其相對應的時間長度。以正弦函數而言，每隔 2π 重複
一次，因此是週期為 2π 的週期函數。見圖 166、167。

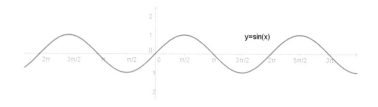

圖 166　為典型週期函數（振動波形），這類波動圖形在物理、自然世
　　　　界非常普遍。

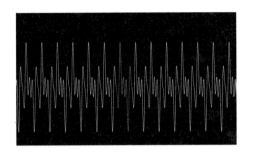

圖 167　sin(*x*) 與典型週期函數比較，雖然都是週期函數，然而典型週期
　　　　函數的波形看來比正弦波形複雜多了，因為是由多個三角函數
　　　　組成的合成函數。

　　事實上，自十七世紀以來直到現在，所有的生活層面，任何
和熱傳導、電波、聲波、光波有關的事物，都是以三角函數作為
分析及設計的基本工具。同時近代的通訊及傳播系統從電話、電
視、廣播、網際網路、MP3、GPS 定位系統都是廣義三角函數的
應用。為什麼稱為波形？因為就如同水波、繩波一樣，上下震盪
波動。如：漣漪，見圖 168、169。接著介紹其他生活上的波形。

圖 168、169　漣漪截面圖就是波形，而這波形就是 *y* = sin(*x*)。

a.**傳聲筒**：小時候都玩過杯子傳聲筒，拉緊後就可以傳遞聲音，講話的時候可以看到繩子有振動，而那振動就是一種波形，只是傳的太快看不清楚，聲波的圖案就是三角函數的週期波，見圖 170。或參考吉他弦的波動，見以下連結：https://www.youtube.com/watch?feature=player_detailpage&v=INqfM1kdfUc#t=18。

圖 170

b.**電話、網路**：通訊的原理也是建立在三角函數上，將說話者的聲音記錄成三角函數，見圖 171，傳到另一端，然後再次轉換成聲音輸出。電波、電子訊號也是如此，見圖 172，不過多了一個階段，先送去衛星，再送到另一端。科技的發達可使訊號傳遞得更清晰完整，並且降低雜訊。觀察訊號的波動，見圖 173、174。

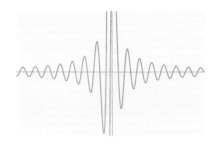

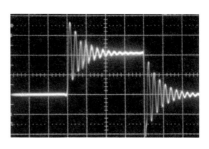

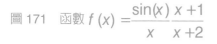

圖 171 函數 $f(x) = \dfrac{\sin(x)}{x} \dfrac{x+1}{x+2}$

圖 172 電波

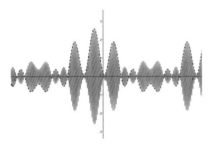 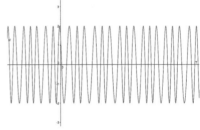

圖 173　典型的調幅（AM），$S_a(t)$ 　圖 174　典型的調頻（FM），$S_f(t)$
　　　　$= (A + Ms(t))\sin(\omega t)$　　　　　　$= A\sin(\omega t + IS(t))$

　　通訊的傳遞電波概念，就是接收電波的頻率，如收音機能調整頻率來接收電波。工程師從示波器觀察波形，而後用頻譜儀分析頻率的組成，最後得到三角函數組成的波形，再將此波形轉譯成聲音。以上的動作如同密碼學的代碼查詢。看看以下例子可以更清楚通訊的概念。

　　1. **荒島的燃煙信號** —— **視覺**：荒島上燃燒物品製造濃煙，這對空中經過、海上經過的人就是一種信號，濃煙就是有人在求救。

　　2. **中國長城的狼煙信號** —— **視覺**：不同顏色的煙代表不同的意思，如敵人來襲、集合等等。

　　3. **夜晚的港口燈塔燈號** —— **視覺**：用明暗交替的時間差來代表其意義。

　　4. **行軍間的旗語** —— **視覺**：由專門的人打出旗語，另一端觀察，並翻議其意義，並打出回覆的旗語。

　　5. **摩斯電碼** —— **聽覺**：利用長短音與暫停，代表字母，達到傳遞訊息與保密。

6. **通訊信號──電波：**發送端將圖案或是聲音用三角函數記錄下來，以波動的形式發送出去，也就是電波，接收端收到一連串的波動後，將波動還原成三角函數，再還原成圖案或是聲音。

通訊系統的進步，仍然是依靠著數學。法國數學家約瑟夫‧傅立葉男爵（Joseph Fourier: 1768-1830），研究熱傳導理論與振動，提出傅立葉級數，傅立葉變換也以他命名。他被歸功為溫室效應的發現者。傅立葉在數學上有很多偉大的貢獻，其中一個是傅立葉級數。

傅立葉級數：任何週期函數可以用正弦函數和餘弦函數構成的無窮級數來表示。傅立葉級數在數論、組合數學、訊號處理、機率論、統計學、密碼學、聲學、光學等領域都有著廣泛的應用。而我們生活上最重要的就是要過濾雜訊，以利通訊，過濾雜訊被稱為濾波。如何濾波，先認識訊號合成，已知訊號是由三角函數構成，而一連串的訊號就是三角函數的相加，先觀察圖175、176 三角函數的相加。可以觀察到合成後的波形及頻譜。

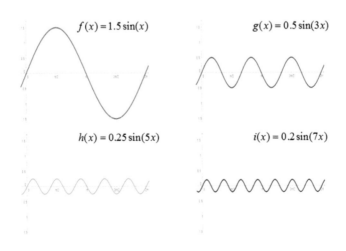

圖 175

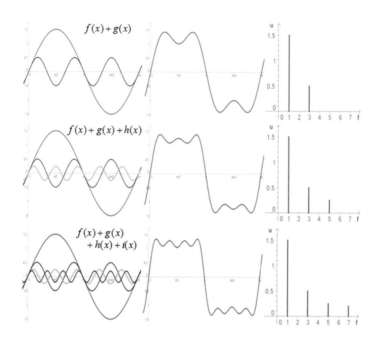

圖 176　左：函數重疊圖形、中：合成後圖形、右：頻譜圖。

　　我們觀察到的波形都是合成後的結果，也就是中間的圖，可以看到最右邊的頻譜圖，能觀察到它是由哪些函數組成，f 是函數的頻率，也就是自變數部分，u 則是函數的振幅，也就是係數。當我們得到各函數內容後就能得到對方要給的訊息。

　　但是實際上不會有這麼乾淨漂亮的波形，而是會有雜訊出現（白色雜訊與紅色雜訊），見圖 177，當我們過濾掉雜訊後就能方便解讀有哪些函數構成。而過濾雜訊的動作需要利用到傅立葉級數。

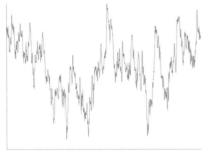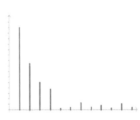

圖 177

　　傅立葉級數在數論、組合數學、訊號處理、機率論、統計學、密碼學、聲學、光學等領域都有廣泛的應用。而傅立葉不只是在以上領域有貢獻，他所導出的**傅立葉變換**也在物理學、聲學、光學、結構動力學、量子力學、數論、組合數學、機率論、統計學、信號處理、密碼學、海洋學、通訊、金融等領域都有著廣泛的應用。例如在信號處理中，傅立葉變換的典型用途是將信號分解成頻率的分布。所以由以上可知，數學是一切科技的基礎。現代通訊建立在傅立葉級數上，我們生活中處處都有數學。

補充說明

　　早期電話訊號常受到其他人的訊號干擾，有時還會微微聽到樓下或隔壁的電話內容，但近年來過濾掉雜訊的能力變強，現在已經不會再受到太多雜訊的干擾。

小結

　　通訊的概念就是用三角函數來記錄電波，以及大量微積分運算和傅立葉轉換才能正確傳送與接收。同時 (1) 因為檔案過大，

所以檔案需要壓縮。(2) 傳遞途中會產生一些雜訊，接收端需要想辦法除去雜訊，才能得到更清晰的聲音品質。檔案的數位化動作（壓縮與清晰）需要用到三角函數的微積分，所以說三角函數對現代通訊以及數位化是非常重要的。

1.2.5 數學視覺化（Mathematical Visualization）：使數學看得到的方法

　　既然我們希望學習數學如同學習音樂一樣，可以先聽到音樂再看譜，那麼如何能使平常人看得到數學呢？一般而言，數學家或天生數學能力好的人都自己找到或培養出一套能看到數學的直觀方法。可惜這些方法不易描述因此也很難傳授。幸好由於近年來電腦繪圖技術的進步，終於有了容易使用的工具讓我們看得到數學。

　　事實上，這些數學視覺化的工具不僅是讓我們看得到數學，而且可以透過互動的過程，例如改變方程式的參數或常數，感受到相應的圖形如何隨之而改變。這種互動的學習過程，使我們能有效率地掌握抽象概念：就像學習彈鋼琴一樣，一邊手按琴鍵聽聲音，一邊看譜，相互對照，直到彈正確為止。見圖 178、圖 179。

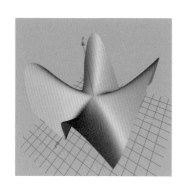

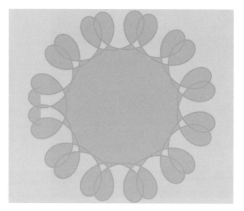

圖 178 方程式 $f(x, y) =$ $xy(x^2 - y^2)/(x^2 + y^2)$ 的曲面。

圖 179 Hypotrochoid 擺線的圖形。

　　數學視覺化始自於極小曲面（Minimal Surface）的研究，因為即使是空間直覺感很強的數學家都不易看到如此複雜的空間結構，而電腦繪圖即時提供了工具，促進極小曲面的研究。此外碎形（Fractal）幾何及非線性系統更是必須依賴數學視覺化，否則根本無法掌握及描述。這些視覺化的圖形，不僅可以協助我們掌握抽象數學概念，也讓我們同時感受到數學之美。事實上，已有繪畫學派採用數學形態作為創作的泉源，叫做數學藝術（Mathematical Art）。見圖 180、181。

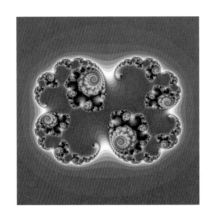

圖 180　Julia 集合（碎形之一）
　　　　的圖像

圖 181　Fractal Art（碎形藝術）

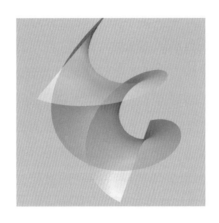

圖 182　Weierstrass 螺旋面

　　雖然數學視覺化和數學藝術都使用電腦繪圖工具，卻是不同
的領域，不能混為一談。數學視覺化的目標是看到正確的數學概
念及形態，而數學藝術則是以電腦繪出的數學形態為起點，最終
目標是藝術表現，與正確性不相關。數學視覺化是幫助數學學習

的有效工具，不但可以使學生在腦海中建構起抽象概念的具體圖像，從而充分理解各種數學形態所對應的抽象符號（如方程式、函數等等），同時也能感受到各種數學形態所呈現的美感，提高學習興趣。見圖 183 ～ 190。

圖 183　Kuen 曲面

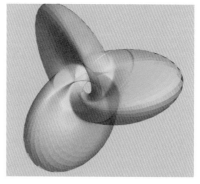

圖 184　Bianchi Pinkall 環面

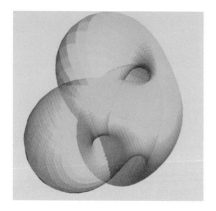

圖 185　Boy's Surface（Bryant-Kusner）曲面

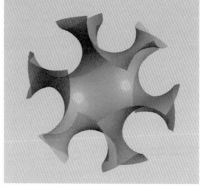

圖 186　Schoen's Gyroi 曲面

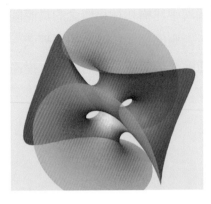

圖 187　Chen-Gackstatter 極小曲　圖 188　Catenoid-Enneper 曲面
面

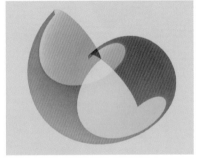

圖 189　Lopez-Ros 曲面　　　　圖 190　(K=1)- 族螺旋面

　　因此，理想的數學教材除了已有的機械式解題技巧外，應
將視覺化的使用納入爲必要的學習內容。以作者的教學經驗，視
覺化的使用不但可使學生快速掌握抽象概念，也降低了數學恐懼
感，減少過多的機械式練習。數學視覺化的確可以幫助學生培養
出「心靈之眼」，看到數學，也就是說，「**先學畫圖，再看方程
式**」是比較有效的學習方法。

看到非線性系統：圖 191、192 紅點是 Rikitake 非線性系統在三度空間中不同時間的軌跡，可明顯看出：從時間 1 到時間 2，軌跡有翻轉的現象。

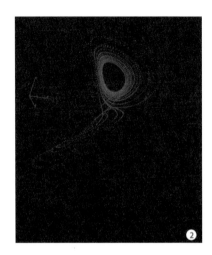

圖 191、192　Rikitake 非線性系統在三度空間的軌跡。

圖 193　非線性系統 Lorenz Attractor 在三度空間的軌跡（作者用程式畫出）。

1.2.6 結語

【數學比較像藝術，不是自然科學】

【數學從各方面來看，最像音樂藝術】

【數學是推理的音樂】

【數學的內容不只是應用，還有它的美學、想像力及創造力】

【數學教育必須技巧與內容並重】

【電腦科技使我們看得到數學】

【先學唱歌，再學看譜：先學畫圖，再看方程式】

　　所有真理最精確，最美麗的內容最終一定是以數學的形式展現出來。

　　　　　　　　十九世紀美國作家梭羅（Henry David Thoreau），

　　　　　　　　　　　　　　　　名著《湖濱散記》作者

第二章
數學與理性精神

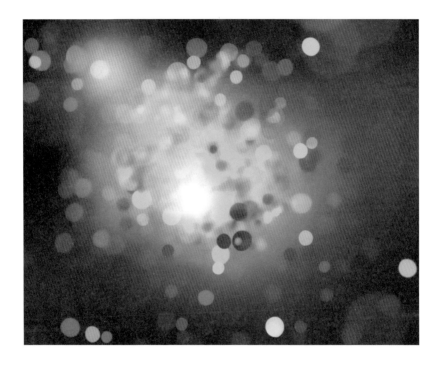

　　對外部世界進行研究的主要目的在於發現上帝賦予它的合理次序與和諧，而這些是上帝以數學語言透露給我們的。

　　　　約翰·白努利（Johann Bernoulli）瑞士數學家

　　在數學教學中，加入歷史是有百利而無一弊的。

　　　　保羅·朗之萬（Paul Langevin），法國物理學家

　　學習數學是通往民主的唯一道路。

　　　　柏拉圖（Plato），古希臘哲學家

2.1 爲什麼學數學

　　大家都一直說數學很重要，但又不知道數學可以應用在生活的哪裡？好像學完小學的加減乘除、單位換算、分數小數外，似乎就沒有再學習的必要，那我們爲什麼要學習那麼多數學呢？數學廣爲人知是科學的基礎，但也無法說服大家數學的必要性。先看圖1：數學的關係圖，然後再來介紹，數學如何與我們生活息息相關。

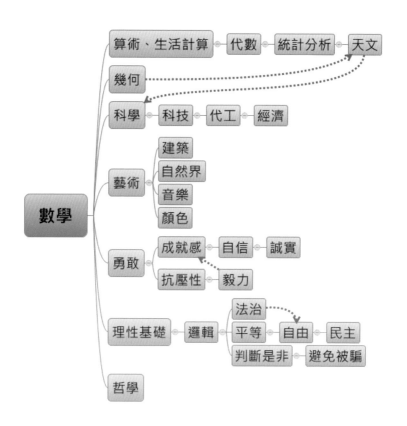

圖1

　　數學被細分成這樣，大多數人肯定會很訝異，因為我們從小誤會算術是數學，數字的學問是數學，處理圖案的內容也用到數學，再來就是認識邏輯，所以誤以為數學就是這三大部分。以及認知數學是科學、天文的基礎。事實上這是翻譯問題，或是在教學上沒說清楚而發生的問題。

　　數學的命名源自希臘文 mathema，其意義是學習、學問、科學，而後其意義衍變為利用符號語言研究數量、結構、變化、空間。再者利用語言表達之間的關係，並利用抽象化與邏輯推理，拓展出科學、邏輯觀、天文等等學問。所以數學是一切學問的基礎，它涵蓋的範圍很廣，而非只單指算術與圖案研究、邏輯三者。數學是理性基礎，重理解而非死背。所以作者不建議學珠心算，它是訓練反射動作快速，而非重理解，並且會破壞學習數學的熱忱，以及看到數字就害怕，所以不建議學珠心算。

　　數學好的人大多是心思細膩、考慮周延、作事情邏輯性強、學習東西較快速、理解事物也比較快、分配時間的能力也比較好，並且會在整件事情的每一個步驟都去提出質疑，不合理就不肯繼續下一步，找出問題點，並且提出相對應的解決方法，具備挑戰性、自信心的特質。數學是研究規律的科學，透過經驗、觀察及推論的邏輯思考之下，進而發現真理，數學是認識世界的方法。它不只是一個計算的工具，並且與所有事情都相關，如：算術、科學、民主、哲學、藝術（圖形、聲音）、美德等。這在接下來將一一介紹。

2.1.1 數學與民主

希臘是民主素養的先驅，而希臘人是如何訓練民主素養？就是靠學習數學，柏拉圖說過：「學習數學是通往民主的唯一道路」，這將在 2.2 介紹。

2.1.2 數學與科學

數學是科學之母，這是無庸置疑的，然而在台灣常把科學與科技畫上等號，這是不正確的，並且不明白學習數學與科學就是在學習理性精神，這邊將在 2.3 介紹。2.4 將會介紹諾貝爾獎與理性的相關性。

2.1.3 數學與哲學

為什麼說數學與哲學有關？哲學家本質上是相當具有邏輯性的，在早期的哲學家都需學習**微積分及邏輯**，研究天體等相關知識，使人信服他的知識，所以數學與哲學具有相當大的關係。這在 2.5 介紹。

2.1.4 數學的額外價值——勇敢、成就感、抗壓性、毅力、自信、誠實

為何說數學會帶來自信？學習數學是一種認識新事物的過程，需要冒險、挑戰自己的怯弱、**勇敢**的踏出第一步，成功將會帶來**成就感**，失敗也可磨練自己的**抗壓性**，並且過程中訓練了耐性、**毅力**，最後成為**自信**的人。然而自信過頭，需要注意不要變

成驕傲。以作者的求學經驗，驕傲或自信的數學系學生不屑作弊，變向培養了**誠實**。所以學習數學可以培養勇敢、成就感、抗壓性、毅力、自信、誠實等美德。

2.1.5 數學與藝術

在第一章已經可以了解到數學與藝術密不可分，數學與建築學息息相關，也與生物密碼不可分離。在音樂發展上，數學家畢德哥拉斯創造音階，而約翰·白努利與巴哈完善音程問題（平均律），尤拉更寫下《音樂新理論的嘗試》（Tentamen novae theoriae musicae），書中試圖把數學和音樂結合起來。一位傳記作家寫道：這是一部「爲精通數學的音樂家和精通音樂的數學家而寫的」著作。而牛頓也發現顏色在光譜的頻率關係，並且自己定下顏色與音階的關係。所以可知數學與藝術、音樂有著極大的關聯性。

2.1.6 數學與工作

由關係圖可知數學與工作與經濟有關，在此可以更詳細的說明數學與工作的相關性，在《幹嘛學數學》（Strength in Numbers——Discovering the Joy and Power of Mathematics in Everyday Life）一書中，將數學能力分成六個層級，在此作些微調整。

第一級：一般的加減乘除，運算生活單位的換算，重量與長度，面積與體積。以生活應用居多，對應在小學層面。

第二級：了解分數與小數、負數的運算，會換算百分比、比例，製作長條圖。生活應用居多，並且在商業行爲上有更清

晰的概念，對應在國中層面。

第三級：在商用數學上有較多的認識，明白利率、折扣、加成、
　　　　漲價、佣金等等。代數部分：公式、平方根的應用。幾
　　　　何部分：更多的平面與立體圖形。抽象概念的加入，對
　　　　應在國中層面。

第四級：代數部分：處理基本函數（線性與一元二次方程式）：
　　　　不等式、指數。幾何部分：證明與邏輯、平面座標的空
　　　　間座標。統計機率：認識概念。數字抽象更高一層，對
　　　　應在國中與高中階段。

第五級：代數部分：更深入的函數觀念，處理指對數、三角函
　　　　數、微積分。幾何部分：平面圖形與立體圖形的研究性
　　　　質、更多的邏輯。統計、機率：排列組合、常態曲線、
　　　　數據的分析、圖表的製作。數字更抽象，並且與程式語
　　　　言有較大的結合，對應在高中階段到大學。

第六級：高等微積分、經濟學、統計推論等等。對應在大學階
　　　　段。各類的職業，所需的數學能力等級，見表1。

表1

工作種類	所需數學能力
工程師、精算師、系統分析、統計師、自然科學家	第六級
建築師、測量員、生命科學家、社會科學家、健康診斷人員、心理輔導人員、律師、法官、檢察官	第五級
決策者、管理者、主管、經理、會計、成本分析、銀行人員	第四級到第五級

工作種類	所需數學能力
教師	第三級到第六級，隨學生而變。
行銷業務、收銀、售貨、主管	第三級
文書、櫃台、秘書、行政助理	第二級到第三級
勞工、保母、美容、消防、警衛、保全	第一級到第四級
作家、運動員、藝人	第一級到第二級

　　我們可以利用此職業分類，去想想到底需要怎樣的數學能力，然而我們無法保證我們會永遠在同一個職業之中，而數學能力第五級可以從事一、二、三、四、五等級的工作，但第二級卻無法作第五級的職業。所以在學生時期是相對有時間，同時腦袋也相對靈活的階段，應該把數學、邏輯學好，這對於未來選擇工作上比較有所幫助。

　　用另一個講法來說明為什麼需要數學。一個跑者，為了跑出好成績，他必須去訓練很多看似與跑步無關的項目，如：上身協調性，鍛鍊全身的肌肉使其成為適合跑步的分布，也就是說當你認為只用到腳的時後，其實它用到很多的部位。**同理我們在工作與作任何事情時，都會無形中用到數學**。並且跑者為了達到一個好成績，需要反覆的訓練，逐步修正問題，而不是使用禁藥來達到好成績。**同理在學生階段為了獲得好的數學成績，需要反覆地計算類題，而且需要去理解，而不是死背公式與套題目**。由以上的認識，就能大致了解，為什麼我們需要數學與練習數學。

結論

我們可以發現生活上的工作有其各自對應的數學能力，絕大多數人，大概在二到三級就已經足夠使用，少部分人需要到四級以上。但在台灣有一個特殊的情形，法官與政府官員的邏輯一直都讓人感到不可思議，如：討論否定前提 —— 蓋核四有電、不蓋核四就沒電，倒果為因 —— 要有電就是要蓋核四。或者是常聽到恐龍法官的不合邏輯判決。或是最近的食安問題詭異言論：「這次的黑心油產量，平均每人 20 克，除以 200 天，等於每天吃一滴油，對健康應該沒有直接傷害。」實際情形是現在吃不出問題不代表以後沒問題。

所以位置越高的人越需要學好第四級、第五級的邏輯，否則只是用話術在騙人。尤其是學法律的人、制定法律的人、執法的人，不幸的是我們的法律系理性、邏輯的基礎訓練不夠，才會出現這麼多不合邏輯的社會亂象。我們要改善這個不合理的社會，就應該建立在理性的基礎上，讓一切事物合乎邏輯。不管是文組、理組、醫科都需要學好邏輯。

2.2 數學與民主

學習數學是通往民主的唯一道路。

柏拉圖

希臘人如何訓練民主素養？他們是靠學習數學來加以訓練民主。數學的思考與辦論方式正是孕育民主思想的基石，數學的本質隱含學生和教師是**平等**的概念。因為數學的推論過程和結論

都是客觀的，教師不能以權威的方式要求學生接受不合邏輯的推論，學生和教師都必須遵從相同的推論過程得到客觀的結論。而且這一套邏輯推論的知識，並非由權勢者獨占，任何人都可學得。

因此，希臘的哲學家明確指出：正確的邏輯推論能力是民主社會的遊戲規則。反之，在別的學科，例如：歷史學，教師的權威見解不容挑戰，因為歷史學並不像數學具有一套客觀的邏輯推論程序。良好的數學教育可以訓練學生正確且有效地推論的素養，如：2 + 3 = 5，老師不可能強迫學生接受 2 + 3 = 6。而這些長期建立起來的數學素養正是民主社會公民的必備能力。

英國教育學家 Colin Hannaford 曾寫過：很少歷史學者知道，希臘時期的數學教育，主要目的是為了促使公民經由邏輯推論的訓練而增強對民主制度的信念和實踐，使得公民只接受經由正確邏輯推理得出的論點，而不致被政客及權勢者的花言巧語牽著鼻子走。早在西元前 500 年，希臘文明就已深刻了解到邏輯推理是實踐民主的必要條件，因而鼓勵人們學習正確的邏輯推論以對抗權位者及其律師們的修辭學（Rhetoric）詭辯。當時所謂的修辭學詭辯和現代政客及媒體的語言相同，也就是以臆測、戲劇化手法、煽情的語言達到曲解事實、扭曲結論的效果。因此，當一個社會用**修辭學**取代**邏輯推論**時，民主精神就被摧毀了。

不幸地，人類不易從歷史得到教訓，**數學教育**與**民主制度**的相依關係被完全忽視了。當今學校的數學教育只著重數學的實用部分，也就是計算，卻完全忽略了數學素養對民主社會的重要性。常聽到有人說：我的數學不好，但我的工作只要會加減乘除就夠用了。沒錯，除了從事理、工、商、醫之外，文、法、歷史

及政治學門的數學技巧或許只需加減乘除而已。然而，數學不僅僅是數學技巧（實用的部分）而已，數學素養（正確推理的能力）應是民主社會每個公民的基本能力。數學教育的目標並非僅訓練出科學家、工程師和醫生，應該像推廣識字率一樣，使得全民不分科系及行業，都具備正確的邏輯推理能力。然而，我們的數學教育和考試制度長期忽視數學素養的訓練，使得專攻文、法、歷史及政治學門的學生數學素養普偏低落。其結果導致我們的社會充滿了以修辭學取代邏輯推論的政策制定者、官員、法官、檢查官與媒體，在此環境下，我們的民主實踐變成為修辭學競賽。

　　要改變這個狀況，必得從數學教育的改革開始。首先要釐清數學是什麼：數學不只是科學的工具而已，數學是人類描述及建構抽象概念的精確語言。芬蘭的教育學者早在 15 年前就看出這個關鍵，因而提出如下的中小學教育政策：知識經濟下的現代公民必須具備兩個最重要的基本能力，一是掌握人類語言（含書寫）的能力，二是掌握人類抽象思考及推理的能力。因而，芬蘭的中小學教育將 40% 的時間用來學習芬語、英語及鄰國語言，40% 的時間用來學習數學，20% 分給其餘學科，畢竟，只要語言和數學夠好，學習其他學科就相對容易。為了落實上述的政策，芬蘭政府要求中小學數學教師必須是數學碩士以上。芬蘭對國民數學素養的遠見，已反應在最近幾年芬蘭學生在 OECD 所舉辦的 PISA 成績上的表現，不僅是平均成績好，最顯著的成果是成績的標準差全球最低，也就是說，芬蘭學生的數學能力普偏良好，反之，台灣學生的 PISA 數學成績平均很高，但標準差是全球最大，明顯呈現兩極化的成績分布。

　　換句話說，台灣學生的數學能力也呈現 M 型化的趨勢，長此以往，將造成競爭力下降及民主素養低落的後果。不幸地，台灣社會仍有很多人喜歡自稱數學不好，言下之意是數學不重要，數學不好也一樣可以混得很好。事實上，這是整個社會對數學有極大的誤解，所造成的結果。

　　比方說，大多數人都可以理解國文教育的目標並非在於造就許多文學家，而是在基本語言能力之外，培養欣賞文學的素養。同樣的道理，數學教育除了生活上基本數學技巧（加減乘除）的訓練之外，更重要的是培育現代公民的數學與民主素養，也就是上述的正確推理及獨立思考的能力。

　　社會誤解數學的主要原因來自錯誤的數學教育方式：學生被迫作太多的機械式練習，記憶各種題型的標準解法，因而沒有足夠的時間學習正確推理的方法及內涵。這種數學教育和民主精神是背道而馳的。老師永遠有標準流程與答案，而學生缺乏信心推理出不同的解法。在這種情況下，學生無法領會到數學推理的威力，因而也未能發展出獨立思考的能力。

　　在大多數人缺乏獨立思考能力的情況下，有權勢者就用修辭學取代邏輯推論，使得民主實踐只剩下空殼子。要改變這種狀況就必須從改變數學教育的方式下手，使學生明白數學課堂沒有權威，學生有追根究柢的權力，有獨立思考的責任。當大多數人具備這些能力時，民主制度才能具體實踐。

　　學數學能學習民主意義，更向下延伸可以學到更多的公民素養，數學讓老師與學生是平等的地位，只要有問題、瑕疵就可以不認可該公式，可以提出質疑，可**自由提出異議**，而這就是民主的素質之一。民主是以民為主，如何讓統治者以民為主，就是

永遠不信任他，或可說是監督他避免他出錯，讓統治者認真小心的作事，所以必須一切攤開在陽光下，禁得起大眾檢驗。有黑箱祕密會議不可被詢問，就是破壞民主。同時如果把民主誤會成多數決，基本上很大可能會變成多數決暴力，或是以為選出民選代表，請他們來多數決就是民主。但如果不能監督代表，或是代表只服務自己跟所屬陣營，這都不是民主。

學習數學可以增加邏輯性，法規也是建立在邏輯上，不然不合理的法規無法使人信服，同時當每個人的邏輯都有一定進步，對於社會的穩定性也有著提升的作用，會自我檢驗做事、說話的邏輯正確性，可以降低紛爭，甚至降低犯罪的行為，所以邏輯變相來說可以提升整個社會風氣。所以說數學是民主的基石，是理性的基礎。有了數學、邏輯與理性基礎後，才能進一步了解平等、民主、自由、法治等素養。

歐幾里得是著名的數學家，著有數學經典：《幾何原本》，影響著幾何學的發展。也曾教導過一位國王托勒密幾何學，國王托勒密雖然有著聰明的頭腦，但卻不肯努力，他認為《幾何原本》是給普通人看的。向歐幾里得問說：「除了《幾何原本》之外，有沒有學習幾何的捷徑。」歐幾里德回答：「幾何無王者之道！」（There is no royal road to geometry!）意指，在幾何的路上，沒有專門給國王走的捷徑，也意味著，求學沒捷徑，求知面前人人**平等**。所以民主素養由學數學產生。

圖 2　文藝復興時期大畫家拉斐爾（Raffaello）的濕壁畫〈雅典學派〉，
　　　畫正中間行走的兩人為柏拉圖和亞里斯多德，右邊彎著腰教幾何的
　　　是歐基里得，左邊坐著教音樂的是畢德哥拉斯。

2.3 數學與科學

數學與科學的關係

　　數學不等於科學，而科學也不等於科技。在華人文化，大部分人把科學與科技混為一談，把它當作船堅炮利的基礎；同時把數學當作科學／科技的基礎。然而這些講法太過片面，不夠完整。為何說太過片面？要知道數學是學習自由、理性的方法，更是學習民主的方式。並且數學是科學的語言，而科學是研究自然界的現象，所以要了解，**數學不等同科學**。

科學與科技、技術、力量的混淆

　　大部分人還常把以下名詞都混為一談，科學與科技、技術、力量。這一部分的問題也與邏輯有關，把因果關係當成等號。實際上，先發展科學，再與技術結合，變成科技。為了快速產生科技產品，或是避免核心內容被竊，或是為了效率而分工，拆成各部分的技術，之後再組合起來。而這正是大家所看到的最直觀的部分，只要有技術面，就能得到力量。

所以是因果關係：有科學→有科技→有技術→有力量。
但卻常被混淆為等號：有科學＝有科技＝有技術＝有力量。

　　最後大家只注重結果，有技術與力量能操作就好，對於其他的「差不多」就好，見圖3，也正是差不多的這種習慣，才會使邏輯的發展更為低落。所以當我們能認清本質、注重邏輯、不要隨便，才能發展出邏輯、理性、自由、民主等精神。所以學習理性精神，比實際應用性更重要。

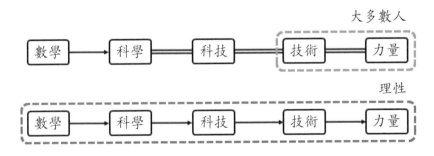

圖3

2.4 諾貝爾科學類獎項與菲爾茲獎各國得獎人數帶來的啓示

我們都知道科技會帶來進步，科技源自科學，科學源自數學，所以我們先觀察諾貝爾獎的科學類獎項的國家分布。以及菲爾茲獎與阿貝爾獎的國家分布。菲爾茲獎與阿貝爾獎，這兩個獎項是數學界的諾貝爾獎，用以獎勵對數學界有貢獻的傑出人士。參考表 2、3。

表 2　諾貝爾科學獎的統計

諾貝爾物理學獎、諾貝爾化學獎、諾貝爾生理學或醫學獎、諾貝爾經濟學獎

國別	人數	人口數	每千萬人得獎比例
中國	0 or 4	1,385,566,537	0.029
印度	6	1,252,139,596	0.048
巴西	1	200,361,925	0.050
巴基斯坦	1	182,142,594	0.055
墨西哥	1	122,332,399	0.082
埃及	1	82,056,378	0.122
烏克蘭	1	45,238,805	0.221
阿爾及利亞	1	39,208,194	0.255
摩洛哥	1	33,008,150	0.303
委內瑞拉	1	30,405,207	0.329
西班牙	2	46,926,963	0.426
臺灣	1	23,329,772	0.429

國別	人數	人口數	每千萬人得獎比例
羅馬尼亞	1	21,698,585	0.461
阿根廷	3	41,446,246	0.724
南非	4	52,776,130	0.758
全世界 [6]	635	7,162,119,434	0.887
葡萄牙	1	10,608,156	0.943
亞塞拜然	1	9,413,420	1.062
白俄羅斯	1	9,356,678	1.069
俄羅斯	16	142,833,689	1.120
日本	16	127,143,577	1.258
波蘭	5	38,216,635	1.308
香港	1	7,203,836	1.388
義大利	13	60,990,277	2.131
愛爾蘭	1	4,627,173	2.161
克羅埃西亞	1	4,289,714	2.331
波士尼亞與赫塞哥維納	1	3,829,307	2.611
捷克	3	10,702,197	2.803
立陶宛	1	3,016,933	3.315
芬蘭	2	5,426,323	3.686
澳洲	11	23,342,553	4.712
斯洛維尼亞	1	2,071,997	4.826
拉脫維亞	1	2,050,317	4.877
加拿大	19	35,181,704	5.401
比利時	6	11,104,476	5.403

國別	人數	人口數	每千萬人得獎比例
法國	35	64,291,280	5.444
歐盟 [4]	330	509,472,390	6.477
紐西蘭	3	4,505,761	6.658
匈牙利	8	9,954,941	8.036
賽普勒斯	1	1,141,166	8.763
美國	311	320,050,716	9.717
以色列	8	7,733,144	10.345
德國	88	82,726,626	10.637
荷蘭	18	16,759,229	10.740
挪威	6	5,042,671	11.898
英國	96	63,136,265	15.205
瑞典	16	9,571,105	16.717
丹麥	10	5,619,096	17.796
奧地利	18	8,495,145	21.189
瑞士	20	8,077,833	24.759
盧森堡	2	530,380	37.709
聖露西亞	1	182,273	54.863
法羅群島	1	49,469	202.147

　　有關中國得獎的內容：「中國的得主」不等於「中國人得主」。因為此表認可獲獎前、獲獎當時的公民權。故出生於中國，且曾經持有中國國籍者，皆被計入「中國的得主」。若持有其他國籍，也會被重複計數。

表 3　中國與台灣的得獎人國籍

得獎人	國籍	獎項
高錕	英國 ；美國 ；香港永久居民	物理學
錢永健	美國	化學
崔琦	美國	物理學
朱棣文	美國	物理學
李遠哲	美國 ；中華民國	化學
丁肇中	美國	物理學
楊振寧	美國 ；中華人民共和國	物理學
李政道	美國 ；中華人民共和國	物理學

表 4　菲爾茲獎加上阿貝爾獎的人數統計

國別	人數	人口數	每千萬人得獎比例
中國	0 or 1	1,385,566,537	0.007217
德國	1	82,726,626	0.120880
義大利	1	60,990,277	0.163961
日本	3	127,143,577	0.235954
澳洲	1	23,342,553	0.428402
美國	17	320,050,716	0.531166
俄羅斯	10	142,833,689	0.700115
英國	6	63,136,265	0.950325
越南	1	9,000,000	1.111111
以色列	1	7,733,144	1.293135
法國	11	64,291,280	1.710963

國別	人數	人口數	每千萬人得獎比例
✚ 芬蘭	1	5,426,323	1.842869
挪威	1	5,042,671	1.983076
瑞典	2	9,571,105	2.089623
匈牙利	2	9,954,941	2.009053
紐西蘭	1	4,505,761	2.219381
比利時	4	11,104,476	3.602151

中國的得獎人的描述：丘成桐，生於中國，長於香港，1990 年入籍美國。

觀察各國得獎的人數，以及每千萬人與得獎人的比例，我們可由中國、印度得知，並不是國家人口數越多，得獎人就越多。但理論上世界各地人的智商與創意應該是以常態曲線分布，所以理論上各國的得獎人比例應該會接近全世界的比例才對，但實際上不是。

表 5

中國	0 or 4	1,385,566,537	0.029
印度	6	1,252,139,596	0.048

為什麼會有比例差這麼大的現象？先天上的問題理論上不存在，也就是並沒有哪一個國家的血統特別聰明。所以應該是後天的環境或是教育所導致。如：為了謀生而忙碌，使人沒有時間去作科學研究。如：受教權的不均。而環境與教育，兩者與文化息

息相關。所以是文化限制了人的思想，壓抑了創意。而這些問題將導致科學人才的稀少，同樣地將導致科學進度變慢。所以科學人才不全然與人口數相關，而是與文化相關。

我們可以看到澳洲與台灣相比，人口數差不多但得獎人卻是11 比 1。以及有更多國家人數比台灣人數少，得獎比例卻比台灣高，如：芬蘭。見表 6、7。

表 6　台灣與其他國家比較

臺灣	1	23,329,772	0.429
芬蘭	2	5,426,323	3.686
澳洲	11	23,342,553	4.712

表 7　台灣與亞洲部分國家的比較

中國	0 or 4	1,385,566,537	0.029
臺灣	1	23,329,772	0.429
日本	16	127,143,577	1.258
香港	1	7,203,836	1.388

可看到中國寫著 0 or 4 是因為那些得主都受外國教育，而非傳統的中國教育。所以可知文化好，可推論出人才會比較多。反過來說人才比較少，可推論文化出了問題。錢永健說：「我是美國公民，不是中國人，很少吃中國菜，不會中國話。我認為血統出身不能決定一個人的身分，一個成功的科學家必出於一個開放的社會，多元包容的價值是關鍵。」魏爾斯特拉斯（Weierstrass:

1815-1897）說過：不帶點詩人味的數學家絕不是完美的數學家。要培養具有創意的數學家需要環境，有了數學家之後才能推動科學進步。所以文化對於科學進步很重要。同理菲爾茲獎與阿貝爾獎的各國得獎人數，也能得到一樣的推論，所以文化對於數學進步同樣重要。

　　文化的問題有很多層面，經濟、教育、環境等等，但能最快改變的就是教育面。再由教育出來的人，來帶動改變其他部分。而最快能看到改變的情形，就是較理性化的社會，具有邏輯思考的人變多，就不會一昧盲從。所以我們要重視文化問題，也就是教育問題。

補充說明

　　諾貝爾為什麼沒有設數學獎？

　　其中一個說法是，諾貝爾的女友被數學家搶走。以致於諾貝爾設計獎項將數學排除在外。

　　另一說法是，諾貝爾不設立數學獎，是因他不需要借助高等數學的知識。在十九世紀的下半世紀，化學領域的研究也一般不需要高等數學。諾貝爾沒預想到數學會推動科學發展，因此未設立諾貝爾數學獎。

　　第三個說法，諾貝爾是一名發明家和工業家，他在遺囑中提到，獎項要用於獎勵那些對人類具有巨大實現利益的「發明或發現」。數學很可能不是直接有貢獻，而是其他項目的一部分，如果設立了數學獎之後可能將會重複，所以未設立獎項。

2.5 數學與哲學，邏輯的重要性

　　西方的三大哲學家，以蘇格拉底、柏拉圖、亞里斯多德爲代表。三者爲師生關係，蘇格拉底是柏拉圖的老師，柏拉圖是亞里斯多德的老師。亞里斯多德創立了亞斯多德學派，由於教學方式常爲一邊散步一邊授課，又稱爲逍遙學派。亞里斯多德研究的學問有哲學、物理學、生物學、天文學、大氣科學、心理學、邏輯學、倫理學、政治學、藝術美學，幾乎是涵蓋了所有的領域。

　　邏輯與哲學間的關係，有著不同的說法。斯多葛教派，認爲邏輯是哲學的一部分。而逍遙派，認爲邏輯是哲學的先修科目。而羅素（1872-1970: Russel）則是認爲邏輯不是哲學。在十九世紀前，邏輯、文法、哲學、心理學，是模糊在一起的。到十九世紀後，弗列格（1848-1925: Frege）宣稱，邏輯就是算術，其法則不是自然法則，而是自然法則的法則。也就是說邏輯是一切規則中的基礎。

　　以今天大多數人的感覺，邏輯只是數學的一部分，用來證明數學定理。但其實我們在對話時使用的文法，正是邏輯的衍伸。邏輯可以分爲兩個方向，一個爲數學方面，另一個是邏輯基礎和邏輯基本觀點的分析與探討，現在稱邏輯哲學與邏輯形上學，這兩門可被歸類爲哲學。當我們不去看哲學問題時，可只討論純邏輯部分。但我們在釐清哲學的概念時，邏輯是不可或缺的工具，所以邏輯與哲學是密不可分。所以要學哲學，要先學邏輯，而學會邏輯可由數學中學會。

2.6 數學是西方文化之母 —— 數學素養是理性社會的基礎

> 愚昧者將偏見認爲是理性，如果我們不用數學當指南，用經驗當火炬，人類文明根本無法向前進一步。
>
> 伏爾泰（Voltaire）

> 數學教育的重要目標之一是訓練出有獨立思考，獨立行動能力，且不易受別人左右的個人。
>
> 愛因斯坦（Albert Einstein），德國物理學家

什麼是數學素養？就像文學素養一樣：我們學國文，在習得基本語文技巧的同時，也培養出欣賞詩詞及散文的能力。很多家長讓小孩從小就學鋼琴、小提琴，其目的並不一定要造就小孩成爲音樂家，而是希望能培養出音樂素養。同理，正確的數學教育應該在教導基本數學技巧之外，同時培養出數學素養：也就是**正確的邏輯推理能力及獨立思考的能力**。

數學和藝術一樣，都是人類文化很重要的一部分，尤其是數學精神及數學素養：正確推理與獨立判斷、創造，更是西方文明進展的主要推動力。回顧文藝復興及啓蒙時期，促使思想改變的人，當屬萊布尼茲、牛頓、笛卡兒、巴斯卡等人。這些人的工作不僅催生了科學革命，也刺激了社會學、哲學、政治等非數學領域的思想家，開始在各自的領域嘗試以數學演繹推理的方式，建構符合科學精神的理論體系。因而推導出自由、民主及人權的新觀念，成爲**近代公民社會的基礎**，直到今天。

　　啓蒙時期的重要思想家如伏爾泰、洛克、康德等人皆非數學家或科學家，但他們深刻體會到：正確的邏輯推理能力及獨立思考的能力是掙脫專制政體及宗教權威的不二法門。也就是說，他們的數學及科學素養催生了理性社會。

　　反觀中國文化，自從漢武帝廢百家，獨尊儒術之後，中國文化中僅有的具數學、科學精神的墨家和名家被消滅，導致數學思想及推理淪落成「算術」，只是一個有實用價值的技術而已。正因如此，沒有數學素養的中國文化不但在科學上無法突破，也孕育不出理性社會必有的自由、民主及人權的新觀念。可見，數學及科學素養從人類文化的進展來看，確實是理性社會的基礎。接著從西方文明的演進看數學素養與理性社會的關係。

2.6.1 希臘時期

　　希臘文明由於重視數學素養及邏輯推理，因而產生了人類歷史上第一個民主政體，也就是雅典民主。雅典民主可以看作是一次對直接民主制度的實驗，因為選民並非選舉民意代表，而是直接參加對立法和行政議案的投票。雅典民主是一種公民自治，但它與現代民主制度的差異仍然是巨大的，雅典民主的參與權並非向全體居民開放，女性和奴隸即被排除在選民之外。雖是如此，希臘文明對民主概念的貢獻仍是不可忽視。從希臘文明重視數學精神的角度而言，**民主概念正是思考什麼是合理的人類社會運作方式之後推導出的邏輯結論。**

2.6.2 羅馬時期

羅馬人消滅希臘之後，他們對於希臘文化抱持不信任態度，羅馬人講求武力軍功，追求實用，不重推理，對數學而言是一個沒有建樹的時代。鄙視數學精神的羅馬帝國建立了最殘暴的奴隸制度：帝國約三分之一人口是奴隸，他們沒有生存權，唯一的權利是生產下一代的奴隸。這時期的其他文化也好不了多少。

2.6.3 中世紀

專制政體和教會結合，以上帝之名對大多數人施行壓迫及思想控制，西方中世紀社會有三大力量，分別是國王、主教、有錢人，社會上所發生的飢荒、戰爭及任何不公平現象，教會的解釋都是魔鬼的作為。一般人的唯一希望是能進天國，早日脫離這個充滿不公不義，被魔鬼統治的人間。這時期的知識分子普遍缺乏數學精神及獨立思考能力，即使有，也會被教會視為異端而加以消滅。正是因為希臘文明的理性精神被湮沒殆盡，中世紀的非理性社會更為黑暗與漫長，長達一千年之久。

2.6.4 文藝復興與啓蒙運動時期

走過中世紀、十字軍東征之後，許多旅居東羅馬帝國的學者終得返歸故里。他們將阿拉伯人所保存的希臘文明以及延伸出來的數學觀念，帶回歐洲大陸，這是文藝復興的起點，也可說是西方人重新發現、重新認識老祖宗的東西。文藝復興之所以能夠蔚成風潮，要歸功於活字印刷術的出現，將知識傳遞出去。透過許多人的改良與貢獻，印刷術真正蔚為流行，西方人才體會出它的

魅力與力量。教會率先使用印刷術，不但印刷了聖經，同時也印行贖罪卷，大量斂財。此時，義大利人 Aldus Manutius 發明了斜體字及 A4、A8 等標準大小版型，同時還鼓勵人寫書，促成了當時的出版業，使知識的傳播更為快速且便宜。

印刷術引發的思想革命，倒不是從科學開始。開起第一槍的是馬丁路德：馬丁路德利用印刷術，到處張貼文告，表示信仰上帝不應該透過供奉教會、主教才能進天堂，堅信自己的信仰，破除教會斂財陋習，將來也能進天堂，這才是上帝旨意。馬丁路德引爆宗教革命之後，下一波革命也接著發生。科學家透過印刷術互相交換信息、交換知識，哥白尼於是成為第一位科學革命的放火人。見圖 4。

圖 4　Manutius 出版的亞里斯多德著作

相較於教會的地球中心說，哥白尼提出太陽中心說當然引發軒然大波，伽利略看了他的書之後，再使用自己發明的望遠鏡作觀察，結果他看到：土星旁邊有好多衛星在繞來繞去，因此他推論：地球應該也是個行星，繞著太陽轉。

在此同時，擁有全歐洲最多天文資料的克卜勒，他也相信日心說，嘗試用他的天文觀測資料建立各行星繞行太陽的規律。剛開始，克卜勒仍然無法擺脫希臘文明時期畢德哥拉斯的天體概念：行星繞「圓」成周的概念，因為神造物設定為「圓」，這才是最完美的形狀。

但以圓為軌道模型來描述行星繞日的時間，總是有不可忽略的誤差，幸好克卜勒擁有科學家實事求是的精神，他放棄了畢氏完美天體的假設，退而求其次利用橢圓軌道來計算，終於成功地解釋出行星運動模式，也就是克卜勒行星運動三大定律：行星繞日不是等速圓圈運動，而是不等速的橢圓運動：離太陽遠，就跑得比較慢，反之，離太陽近，就跑得比較快。

然而，克卜勒無法回答為何行星運動遵行橢圓軌道？反對者認為這不過個數學把戲而已，最後牛頓出現了，終於給出了天體運動和所有運動力學一個完整且精準的數學架構。牛頓的厲害在哪裡呢？根據伽利略的研究假設，地面上的物體靜者恆靜、動者恆動，以及自由落體的位移與時間的平方成正比。牛頓認為，如果造物者在地上的規則是一定的，那麼在天上的運動規則也應該是一樣的，因為他深信上帝造物不會有兩套標準。牛頓認為，應該可以找出，能夠同時推導出天上的克卜勒行星運動三大定律與地上的伽利略運動定律的數學假設。終於，牛頓找出了萬有引力定律作為運動力學的基本假設（公理），再由此推導出行星運

動三大定律及所有伽利略運動定律。

　　牛頓的鉅作《自然哲學的數學原理》（The mathematical Principle of Natural Philosophy）揭示了科學研究的方法論：他寫到：「自然哲學的全部困難似乎在於 —— 從運動現象研究自然界的力，然後從這些力去闡明其他現象，我希望，自然界的其他現象，亦可用相同的方法，由數學原理推導出來。」從歸納觀察得到的假設作爲演繹數學的起點（類似幾何學的公理），經由演繹數學的推導，得到新的結論（證明出新的定理）。

　　牛頓使用數學方法及新工具微積分，從他所提出的公理：萬有引力開始，不但證明了克卜勒的行星三大運動定律，也證明出所有關於力學的結果。而這些僅假設萬有引力爲公理所證明出的定理，都先後由其他物理學家經由實驗驗證爲正確。其中最具快定性的成果是：海王星（Neptune）的發現是首先從牛頓力學導出它應該有多大質量，位置何在，而在預測的時間地點觀察到它的存在，這可說是牛頓力學應用在宇宙的有效性之決定性證明。見圖 5 到圖 7。

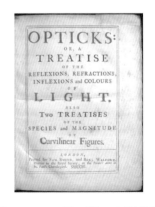

圖 5　1989 年由航行者 2 號 Voyager 2 所傳回的海王星 Neptune 的照片。

圖 6　1704 年，第一本光的論文。

圖7　〈牛頓〉，威廉‧布萊克（w‧Blake）作；牛頓被描繪成一位「神學幾何學者」

　　單從可量化驗證的假設開始，使用數學演繹就能推導出眞理，牛頓所揭示的方法論震撼了許多當時各學門的思想家，他們自問，既然牛頓的數學方法被驗證爲正確，那麼其他的學科是否也應該照他的方法這樣做？

　　於是哲學家開始進行反思，醫學家也開始進行反思，力學如果是對的，那麼人體的血液透過血管進行運輸，心臟就像幫浦一樣將血液送進來、打出去，是否應以力學研究血流的動態？醫學家哈維經由導管中水流的定量研究，證實了動物體內的血液循環現象。近代醫學於是開始發展。經濟學就更不用講了，使用計量方法推算供需成長與減少，用於農作物的種植或是貨幣的供給問題。經濟學很快地從哲學的範疇轉化成計量經濟學。數學方法不停地向其他自然學科邁進，促成了科學革命（Scientific Revolution）。這時期的理性主義影響著幾乎所有領域的思維方式，正如

十八世紀啓蒙運動領袖們所預言，數學方法是推翻現存世界之槓桿的支點，是建造新秩序的主要工具。見圖 8。

圖 8　在他們翻譯的牛頓著作扉頁圖上，夏特萊侯爵夫人被描繪為伏爾泰的謬思女神，將牛頓在天上的洞見傳遞給伏爾泰。

　　知識不斷累積知識，所引起的漣漪接踵而來，尤其是牛頓的科學方法促使社會思想家重新思考，這些由專制政權及宗教領袖主宰的社會所產生的不公義是如何發生的，並開始研究理性社會應有哪些規範？不再全盤接受教會的人生觀。然而，用科學方法去看事情，在當時可說是難以想像的一件事，因爲必須抱持懷疑挑戰權威，可能必須冒著無法進天堂、與魔鬼作朋友的內外壓力。

　　許多思想家接連冒出頭來，提出他們的見解，像洛克、伏爾泰就說人生而平等，也提出自由概念、民主政治想法。科學精神徹底影響了當時人的想法，社會契約的概念也產生，那就是人們

為了個人利益與統治者進行交換，定下社會契約，透過公開選舉的認可，達成政治的手段與目的，盧梭的契約論因此而誕生。

數學的發展經由牛頓、萊布尼茲、笛卡兒這些人的影響，造成了科學的演繹方法，這些研究方法影響了社會學、經濟學等，這時期的思想家深信：透過數學的嚴謹方法才能獲得知識，因而使西方文明發生重大改變。而啓蒙時代所確立的科學方法，沿用至今！

數學在人類文明社會，邁向民主社會、人權社會的歷程中，充分發揮了塑造理性社會的功能。但這個關鍵點大家都不知道。就連歷史學家去看啓蒙時代，可能也只能看出突然間百花齊放，冒出許多科學家和顚覆傳統的思想家，殊不知背後有個重大因素，那就是採用數學方法，人類變科學了，社會變理性了。啓蒙時代給我們的啓示是：一個社會的知識分子，意見領袖（如當時的洛克、伏爾泰）有數學素養（**正確的邏輯推理及獨立思考的能力**），是形成理性社會的必要條件。

2.6.5 台灣社會是不是理性社會？

以古觀今，我們不妨探討當今的台灣社會是不是理性社會？首先我們界定「理性」這個譯自英文字「Reason」的意涵為何？英文字典的定義：「the power of the mind to think and understand in a logical way」翻譯成：理性是「能夠以合邏輯的方式思考及理解的心智能力。」可見理性的意涵重點在於**合邏輯的方式思考及理解**。

然而，當今的台灣社會似乎對「理性」有很大的誤解。舉例

來說，一般人會認為，心平氣和地談論事情，就是很理性。但這犯了一個嚴重的邏輯謬誤，因為先決條件必先確定內容及推理**合邏輯**。若**不合邏輯**，縱使心平氣和講出來，仍是不理性。反之，若氣急敗壞談事情，甚至上街示威遊行，一般人會認為，這是不理性的行為。

但如果談的內容及推論**合邏輯**，那氣急敗壞又何來不理性呢？台灣社會普遍地將「理性」解讀為「心平氣和談論事情，溫良恭儉讓」，至於合不合邏輯反而被忽視了。正因為如此，台灣社會充滿了自以為理性卻邏輯謬誤的言論，不斷地出現在各式媒體。這個社會的官員、知識分子、學者專家及電視名嘴們不知說了多少邏輯謬誤的言論，導致一個「是非混淆」的社會。

最常見的邏輯謬誤是將原命題等同於否命題。我們先用一個廣告的命題來說明這類謬論：廣告詞：「送鑽戒，就是愛她」。這個命題的前提是「送鑽戒」，結論是「愛她」。於是某小姐看了此廣告後就向她的男友抱怨：「你沒送鑽戒，表示你不愛我」。這就是標準的從原命題導出否命題的謬誤。邏輯上，原命題只能推導出**逆否命題**，也就是「不愛她，就不送鑽戒」，至於「沒送鑽戒」，並不能推導出「不愛」的結論，因為沒送鑽戒也許會送更貴重的禮物。

正確的推論列表如下：

命題的四個型態　　前提　　　結論　　　　p＝送鑽戒，q＝愛她

原命題：	p	→ q	「送鑽戒，就是愛她」原命題
逆命題：	q	→ p	「愛她，就送鑽戒」　　不可導出的命題。
否命題：	~p	→ ~q	「沒送鑽戒，就是不愛她」不可導出的命題。
逆否命題：	~q	→ ~p	「不愛她，就不送鑽戒」：**可導出的命題**

再以公共議題為例，政府大力促進簽訂 ECFA 的命題是「簽訂 ECFA，台灣經濟會成長」，先不論此命題是否正確。但常見有此推論：「不簽訂 ECFA，台灣經濟就不會成長」。這個推論是錯的！就像送鑽戒的例子，「沒送鑽戒」，並不能推導出「不愛」的結論，同理，「不簽訂 ECFA」並不能推導出「台灣經濟就不會成長」的結論。台灣社會充斥著這類型的邏輯錯誤，錯誤的推論只要用「心平氣和」的方式表達出來，大多數人就認為很理性。

官員及媒體名嘴也常利用這種「似是而非」的論述，誤導民眾相信或不相信一些公共政策。對於理性的誤解，造成今日「是非不分」的社會。如果我們從小養成獨立思考的能力，就不容易被牽著鼻子走。至於如何從小就養成獨立思考的能力呢？唯一的方式恐怕只有透過學校的數學教育，讓學生培養出基本的數學素養，習得正確的邏輯推理。

雖然教育部的「國民中小學九年一貫課程綱要數學學習領域」文中指明：「數學能力是國民素質的一個重要指標」，「培養學生正向的數學態度，了解數學是推進人類文明的要素」。但是現實的數學教育卻只教導學生套公式、背題型以應付考試，因此多數學生花了很多時間應付數學，卻也沒培養出現代公民必備的數學素養及邏輯推理。沒有正確邏輯的社會要付出很大的代價：耗費許多社會成本去理清事實，耗費許多溝通的時間才能表達正確的資訊，事倍功半，沒有效率。

誠如達賴喇嘛所言：「任何事情都應該在最開始時好好地推理，免得之後造成一團混亂與懷疑」（摘自 *The Path to Enlightenment*，1994）。

　　由現在大多的情況可知，在台灣首要是心平氣和也就是態度，然後才是討論合乎邏輯也就是理性。所以當今的台灣社會顯然仍不是理性社會，數學教育的缺失是原因之一。多數學生在國小四年級以後、或國中、高中階段陸續放棄了數學，尤其是文科學生。如果如教育部所言：「數學能力是國民素質的一個重要指標」，那麼要提升國民素質，也就有必要提升國民的數學能力或素養，同時數學素養並不全然只是數學的計算能力，而現行的數學教育顯然只注重解題套公式、只接受老師標準流程，所以目前仍有很大的改善空間。

　　中國早期的科技領先歐洲一大截。如：指南針、火藥、造紙和印刷以及天文、地理，見圖9、10。

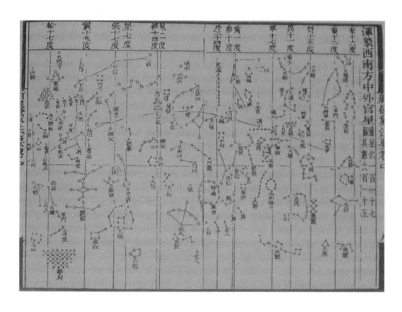

圖9　星象圖：圖片取自 WIKI。

圖 10　地動儀，取自 WIKI，CC3.0，作者：Kowloonese。

　　雖然中國古代有技術研究，也精於記錄、實驗，但卻缺乏邏輯、系統的科學理論。到了現代已經知道得到諾貝爾獎的中國人很少，甚至可以說是沒有，即使有也不是在中國的環境長大的。為什麼會有這樣的情形？答案是不邏輯的文化影響。參考以下內容可有更清楚的概念。

　　中國是皇帝制度，皇帝殺人可憑喜好，所以才有「君要臣死，臣不得不死」的荒謬言論，使得科研人員伴君如伴虎，這樣的國家科學發展會進步嗎？除此之外，中國受儒教文化，更不容易形成一套邏輯性的思維。儒教重禮，凡事先講禮，再講理。並且上下層級非常嚴格，下完全不可以對上無禮。否則就無法討論。所以產生奇怪的問題，到底是禮貌重要，還是解決問題講道理重要。在台灣不講理，只講禮的狀況，也層出不窮，難怪大家邏輯也一塌糊塗，沒機會好好練習。對的推理、邏輯結構被禮整

個打亂。

　　同時中國的宗教也影響科學理論的產生。引用**李約瑟**（Joseph Terence Montgomery Needham）所說的內容：「不是中國人眼中的自然沒有秩序，而是秩序由非理性的人所制訂。因此人們後來用理性的方式闡明，制定好的神聖法典，這相當沒有說服力。同時道教人士也會藐視這樣的見解，對於他們憑直覺所知的宇宙微妙處和複雜性來說，科學理論實在是太幼稚了。」參考自：http://zh.wikipedia.org/wiki/%E7%A7%91%E5%AD%A6%E5%8F%B2

　　所以我們想要科學進步，還是要從邏輯開始做起，而學會邏輯的第一步就是認識數學。並且不要將**邏輯、理性思維**與**溫良恭儉讓、禮貌**畫上等號，理性與禮性是完全不同的，講道理時不管是大聲、小聲、態度好不好，對的事情就是對的事情，難道輕聲細語的說太陽是從西邊出來就會是對的嗎？**所以必須講理（邏輯），而不是講禮（禮貌）**，並且事情要抽絲剝繭，每一處都要完整說明，而不是混沌討論、一概而論。

　　民主是國家進步的指標之一，如何讓大多數民意得以執行，而不是被少數人用不邏輯的方式控制，這需要一個有效的方法。幸運的是二十一世紀的我們有強大的網路，我們可以用網路的力量來監督政府，讓其不敢太過離譜。

　　在 2013 年芬蘭已經有了**全民直接民主**的意識與接近的方法。他們利用網路來提出並表決出一些議題，並且要超過一定人口比例，再送到一個政府機關審核問題是否合理，最後才到國會議員手中。國會議員並不只是執行一個簡單的同意、反對，而是不論同意、反對都必須說出理由。芬蘭利用這樣的方法來避免國

會太過背離民意，太過不邏輯，這一套**全民直接民主**模式稱爲：Open Ministry。有了領頭羊，世界利用網路讓全民直接民主，避免不合理、不邏輯的政治形態已經不遠了。

對於台灣更是一個重要的啓發，台灣現在處於思考改變的階段，但要如何用一個好方法來執行全民直接民主讓國家進步，不只需要一個更完善的方法，還需要大家對於民主的意識更加提升，而不是認爲民主只是投票而已。

2.7 由數學來看選舉

2.7.1 差不多的觀念

在台灣很多人的選舉觀念認爲都差不多，所以就隨便選了。觀察圖 11。

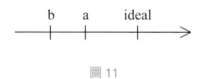

圖 11

由數線圖可知有 ideal 理想、a、b 兩名候選人。我們都知道理想是追尋的目標，所以候選人的政見不會直接達到理想，因爲很難有面面俱到的政見，除非世代進步互相妥協，此理想才能達成。那理所當然的我們應該選擇 a 比較容易達到理想。

因爲台灣常有差不多或是五十步笑百步的錯誤觀念，也就是兩個都爛或是都達不到理想，那何不選一個順眼的，這是大部分

35 歲以上民眾的邏輯判斷，或可以說是憑喜好而非能力。但這樣的情形會阻礙進步，甚至是退步。而 35 歲以下民眾在錯誤的邏輯環境成長，但也因資訊時代的衝擊，在兩者都爛的前提下，選擇變成以下情形：(1) 兩個都不選。(2) 兩者選較好的 a。(3) 兩者選自己喜歡的。(4) 跟著家裡來選。

　　整體來說已經前進一小步，不是盲目的選喜歡的，但這仍然不夠，因爲我們民主進步的幅度，跟不上社會變壞的腳步，不管是從經濟、房價等等，都能觀察到社會越來越不好生存，如果不能快點做出正確的邏輯選擇，我們未來會越來越糟糕。在先進的民主國家，不論喜好都會選擇 a，而非不邏輯的亂選，或是放棄。所以我們的邏輯思路要清楚而不能「差不多」。

　　這世界不會被那些作惡多端的人毀滅，而是冷眼旁觀、選擇保持緘默的人。

愛因斯坦

　　拒絕參與政治的懲罰之一，就是被糟糕的人統治。

柏拉圖

　　當納粹來抓共產主義者的時候，我保持沉默；我不是共產主義者。當他們囚禁社會民主主義者的時候，我保持沉默；我不是社會民主主義者。當他們來抓工會會員的時候，我沒有抗議；我不是工會會員。當他們來抓猶太人的時候，我保持沉默；我不是猶太人。當他們來抓我的時候，已經沒有人能替我說話了。

馬丁・尼莫拉，德國牧師

2.7.2 一概而論的觀念

在這個世界上用錢跟權可得到很多東西，其中就包含學歷，爲了要讓自己的頭銜更好聽，替自己的學歷鍍一層金，這種情況到現在有緩和的趨勢，但不可否認的其實全世界都有這樣的現象。畢竟學校也要供薪給老師，所以這現象必然不會被消滅，只是不同學校或多或少都有一點。但是學校如果只是淪爲一個收錢作文憑的地方，風評必然不會太好，所以他也需要一部分資優生，可以揚名世界的學生，替學校爭名。而學校願意提供獎學金來栽培這些學生。尤其是理工科研人才更會大力培養，因爲他會直接反應在科技上。不像其他的學科需要時間的醞釀或是受當代的觀感而改變，比如說藝術。

在台灣判斷一個人優劣，一開始大部分取決於學歷及現有能力，但很不幸的兩者很容易被混爲一談。我們都知道做事情不能一概而論，但大多數人就是這樣做的。比如說：台大的學生很棒，但其實不同系所，還是有不同領域的差異性。但大家會一概而論看最前面的稱謂，認爲反正是台大的就很棒。在 2014 年發生台大生殺人事件，大家把矛頭指向台大，產生台大也沒教好學生的情緒管理，令部分人認爲說念台大也可能有瘋子同學會殺人的觀感。但平心而論這跟台大無關，這是個人問題，不能用一概而論扯到台大上面。

再看另一件事情，哥倫比亞大學有獎學金學生，也有一般繳學費學生。但很明確的，獎學金學生絕對跟一般繳學費學生的等級是不一樣的。但如果繳學費學生做的事情，社會觀感不佳，會連帶的弄臭學校名聲，甚至是令獎學金學生被歸類成同一間學校

應該也是同一種人，令他們蒙羞。但實際上不同科系都有能力差異，更何況領獎學金的人能力與地位可以與一般繳錢唸書的人一概而論嗎？

所以觀察人應該避開一概而論的情形，就能力評論一個人。或者說公眾人物明知自己是鍍金出來的，就不要出來打明星大學這個大樹來乘涼。令自己母校或同學連帶被看輕。

所以我們的邏輯思路要清楚而不能一概而論，也不能當作差不多，如同定義、公理、定理的關係，其中的邏輯思路要清楚，不能混為一談。而學好邏輯可從學好數學開始。所以柏拉圖才為在他的學院門口立上「不懂幾何者禁止入內」的字，因為意味著邏輯不好，也相對隱喻民主素養不夠。

2.7.3 認識定義、公理、定理，不要用公式

為什麼我們會有差不多與一概而論的情形，這從數學教科書常常充滿一堆數學名詞帶來的混亂有關，如定義、規定、命名、推導、推論、猜測、結論、定理、性質、關係式、線性組合、律（指數律）、一般式、方程式、不等式、恆等式、標準式、面積公式、差角公式、分點座標公式、乘法公式。導致我們的學習一團混亂，但最後不管是什麼名詞，大多數人通通統稱為公式、就是要背，見圖 12。其實最嚴重的影響是沒有培養到邏輯順序觀念。

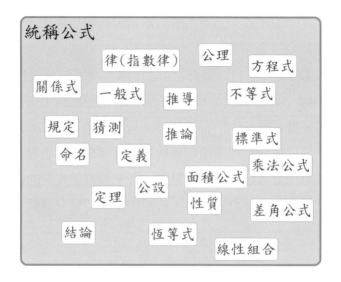

圖 12

如果我們把全部的數學都一概而論當作同一層級，那麼數學全都是莫名其妙。要解決這個問題，可以先認識數學名詞。

1. 定義：命名、規定某情況的意義，如：定義負數的觀念。

2. 公理：不證自明的現象稱為公理，也就是數學推理的起點。如：歐幾里得的平行公理：通過一個不在直線上的點，有且僅有一條不與該直線相交的直線，見圖 13。

圖 13

3.定理：由定義、公理推導的結論，其中包含（律、法則、性質等等）。

對於數學的名詞我們只需要這三個。而推理需要使用的動詞：「推導」、「推論」、「結論」。只要這些就夠了，不需要五花八門的一堆名詞。

我們可以知道定理是由定義與公理推導來的，也就是可以認知定理是第二層而定義與公理是第一層，也就是規則的起點。所以如果可以完整理解這個觀念，就能知道事情是有邏輯且有分層級，見圖 14。

圖 14

如果邏輯的觀念不明會產生問題。以時事來說，台灣 2014 年面臨劣油問題，全民抵制頂新產品，味全遭受牽連，味全老員工擔憂公司可能倒閉，求全民給生存空間。並且有人反應：「不可能因為一個孩子犯錯了，就讓他的同學，或是他的兄弟姊妹，一起受處罰。」在這邊其實就犯邏輯錯誤，公司出問題，導致全民抵制。出問題該倒閉就是要倒閉，底下員工是受害者，但購買

民眾也是受害者，民眾不買也沒有錯誤。為什麼新聞及員工將矛頭指向民眾，暗示不買是殘忍？這是問題沒找出起點原因。用一個類似的說法來，某毒品商利用某小島的民眾種植罌粟花、提煉海洛因毒品，最後毒品大盤被抄家了，島民拼命求情與反對司法對毒品大盤判刑。請問對嗎？這個答案是無庸置疑的，應該處罰販毒商。回到劣油問題，我們問題的起點是廠商與政府，**員工應該找他們負責，而不是找民眾要同情**，這就是邏輯不清的嚴重性。

　　我們要利用數學學好邏輯，以免造成一堆莫名其妙的事情。同時也要避免用公式這個含混不清的名詞，導致何者為起點：定義、公理，何者為推導的結果：定理，兩者邏輯順序不清。

本章節參考文獻的網址

http://www.buzzhand.com/post_55510.html

http://news.tvbs.com.tw/entry/550387

http://www.nownews.com/n/2014/09/24/1426790

http://www.appledaily.com.tw/realtimenews/article/new/20141205/518603/

第三章
數學與邏輯

邏輯是不可戰勝的，因為要反對邏輯還得要使用邏輯。

布特魯（Pierre Leon Boutroux），法國數學家和科學史家。

3.1 邏輯有什麼用

邏輯是理性的基礎，它不是數學領域的專有名詞，生活中的對話也是邏輯的一種，但數學卻是學習邏輯最快的道路。希臘人說過：「學習數學是唯一通往民主的方法。」為什麼這樣說？民主是以民為主，如何讓統治者以民為主，就是永遠不信任他，或說是監督他避免他出錯。讓統治者認真小心的作事，所以必須一切攤開給全體民眾看。如果把民主誤會成多數決，基本上很大可能會變成多數決暴力；若選出代表來多數決，但如果不能監督代表，或是代表只服務自己跟所屬陣營，請問這是民主嗎？這些都不叫民主。

學習數學與民主的情況一樣。學生發問後，老師一定要講清楚讓學生相信，不存在我是老師，我是權威，我說了就對的情形發生。數學是可以被質疑與理解的一門科目，不像是歷史紀錄只能用背的，或是文法只能背。學習數學可以培養以下人文氣質：老師與學生是**平等**位置，可以**自由**發言、而發言必然需要秩序，也就能延伸到**法治**，則需要邏輯來制定非暴力的法治規範，並且邏輯可以讓我們言之有物，說話有條有理、不會自我矛盾，避免誤會而起爭執，變相來說增加社會秩序。

雖然大部分數學最後會因不常用而忘掉，但至少要學會邏輯與理性基礎，因為數學帶來民主（反獨裁）、平等（反威權）、自由、法治、正常的溝通。所以有必要學習數學中的邏輯。

大家都想活在一個理想社會、理性的世界，而不想要非理性的、衝動的社會，而數學正是理性的基礎。芬蘭最注重的就是數學與母語，而壓縮其他科目的時間來上這兩個科目，因為他們知

道數學是最重要的，不只是科學最重要的基礎，同時也是理性社會的第一步，而語言是爲了更好學習數學。要有理性社會，每個人必須先有理性基礎，理性基礎來自於數學。

人與人的交流，要對方接受自己的言論，一直以來都是兩大類：(1) 講道理方式，合乎邏輯的說服對方。(2) 不講道理：暴力、威脅、利誘、色誘、動情等等。難怪哲學家與邏輯學家羅素說：「只有少數人是講道理的，而且還是在很少的時候。」本段話是說講道理的人少，而講道理的人跟不講道理的人很難溝通。只有兩個講道理的人才能好好的溝通。所以我們需要學會邏輯。

3.2 邏輯是什麼

引用劉福增教授書上所寫的分法，我們可以把邏輯分成三大種類，語言邏輯、科學邏輯、演繹邏輯，這三者差別在哪？

1. 語言邏輯（非形式邏輯）

由語言與生活對話經驗來學習邏輯，但這跟語系有關，不同的語系有不一樣使用習慣，會造成不同的困擾。中文常見的問題如下：

a. 省略前提或一句多義的問題，如：牛排不好吃。不知道是說使用刀叉吃牛排不方便，還是說牛排不美味。如：捐血車上的護士問問題，有沒有固定的性伴侶。回答沒有。這樣有問題了，是沒有固定，還是沒有性伴侶，所以問話要問清楚，回話要完整。

b. 因果問題的誤用，如：蓋核能就有電，不蓋就沒電。因爲

是不一定。

　　c. 省略受詞會錯意，如：甲對乙說：我覺得你胖，乙說：我不在乎。不知道是在乎自己胖卻不在乎甲的言論，還是不在乎自己胖。

　　所以可知中文溝通的一些習慣，容易產生問題導致誤會與爭執。

2. 科學方法論（科學結構的邏輯）

　　科學的發展，使用嘗試錯誤的方式發展，發現錯誤再修改，如一開始是四大元素：地水火風，之後變成如今的元素週期表。以及太陽繞地球到現在地球繞太陽。

3. 演繹邏輯（形式邏輯）

　　邏輯是因果關係，考慮前因後果，或說原因與結果，數學用語為前提與結論。例如：（前提）動物會死，而人是動物，（結論）所以人會死。例如：（前提）在數學上定義最根本大家都能接受的數學原理 $a(b + c) = ab + ac$，利用此式堆疊組合出新的數學式 $(x + y)^2 = x^2 + 2xy + y^2$，（結論）也都會是正確的。這種因果關係又稱為演繹論證，也就是大家所認識的若 P 則 Q 的數學邏輯。**邏輯就是判斷前提到結論，這個推論有沒有問題。**

　　統計出來的結果是歸納論證不同於演繹論證，有可能會出現不同結果。例如：外星人降落到草原，發現馬都是條紋狀的，所以說這星球的馬全都是條紋狀的，這顯然不對。所以數學上的邏輯是指演繹論證，故稱演繹邏輯。

3.2.1 邏輯如何判斷因果關係

在本文將介紹基礎的演繹邏輯，以及語言中常犯的的邏輯錯誤。邏輯是判斷前提到結論，這推論正不正確，所以應該要有兩個句子，也就是需要兩個完整的敘述。

例題1：天氣好。這是一個敘述，但沒有前後文可判斷此句的正確性。

例題2：下雨天，帶傘才不會淋濕。這是兩個敘述。
有前後文可判斷此句的正確性。

例題3：下雨了，所以 $2 \times 2 = 4$。有兩個句子可以判斷邏輯。
但這兩句話沒邏輯性。

例題4：蓋核能就有電，不蓋就沒電。有兩個句子可以判斷邏輯。
這兩句話的答案是不一定正確。

由例題4可看到第二句是第一句的否定敘述，所以先認識敘述的內容。在認識敘述前，先認識集合，集合與敘述兩者間有類似性。

3.3 認識集合與敘述

利用集合的概念對於敘述內容可以有更清晰的認識，以免語句認知錯誤，導致對話中產生問題。

3.3.1 集合——認識「且」與「或」

例題 1：我有 170 公分並且 65 公斤。

在本句可以看到「且」，並可以明白，我兩個敘述**都**符合。

例題 2：我有 170 公分或 65 公斤。

在本句可看到「或」，並可明白，我符合**其中一個**敘述。

由一般的言語認知來學習且與或，在討論東西時，條件比較少時還容易理解，但在條件慢慢多起來時就需要用數學來幫忙。這在數學上是集合部分的內容，通常將集合以圓形來表示。見圖 1。「且」是交集，以圖案上來看是兩集合重疊部分，見圖 2，符號是 $A \cap B$。「或」是聯集，以圖案上來看是兩集合及其重疊部分，見圖 3，符號是 $A \cup B$

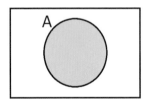

圖 1

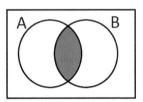

圖 2

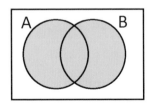

圖 3

例題 3：1 到 10 的整數，A 是 2 的倍數、B 是 3 的倍數，什麼數字符合 A 並且符合 B？由圖 4 可知是 6。

例題 4：1 到 10 的整數，A 是 2 的倍數、B 是 3 的倍數，什麼數字符合 A 或符合 B？由圖 5 可知是 2、4、6、8、10、3、9。

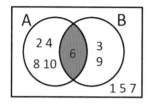

圖 4　　　　　　　　　　圖 5

由數學圖案來理解「或」跟「且」，可以比較好理解。

例題 5：且與或的誤用，禽流感 H5N2 事件

先了解世界動物衛生組織與台灣對高病源判斷的認知，從 2009 年起，**世界動物衛生組織（OIE）**的認定高病原條件：

1.「HAO 切割位鹼性胺基酸」出現 4 個 HAO。

2.「靜脈內接種致病性指數（IVPI）值」>1.2。

3. 只要實驗室所做實驗死亡率高於 75%。

符合其中一項，就判定為高病原。

在**台灣農委會**對高病原原本的認定模式：

1.「HAO 切割位鹼性胺基酸」出現 4 個以上。

2.「靜脈內接種致病性指數（IVPI）值」>1.2。

3. 臨床死亡率大於正常值 0.05% 到 0.075% 連續 3 天以上。

必須三個條件都符合，才判定高病原。

世界動物衛生組織與台灣農委會，哪一個才是眞正嚴格爲人類健康把關呢？

一個淺顯易懂的道理，條件越嚴格的話，代表越難以通過；條件越簡單的話，代表很容易通過。因此我們可以看到 OIE 是嚴格的，只符合其中一項，就是高病原，就要撲殺雞隻；但台灣卻反其道而行，放寬門檻，讓檢體在 OIE 判定檢體是高病原，但在台灣變成是低病原。

在這邊可以發現問題：台灣判斷檢體是高病原或低病原的方法是不妥的，台灣把 OIE 認定的「或（OR）」變成「且（AND）」。OIE 是三個條件符合其中一條，就是說檢體符合條件 1 或條件 2 或條件 3。也就是說高病原是這三個條件的聯集之中的元素。三個條件都要符合，就是說檢體符合條件 1 且條件 2 且條件 3，也就是說高病原是這三個條件的交集之中的元素。由圖 6 來看看差別之處，有著色部分判斷爲高病原，空白部分則否。

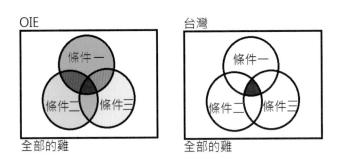

圖6

從圖可以看見，台灣的條件相當寬鬆，把許多高病原當作低

病原處理。而 OIE 採用聯集的方式，相較之下台灣判斷病原高低的方法，很不妥當。並不是多加了一個條件就變嚴格，而是要觀察裡面的文字語意。所以台灣人民的健康存在很大的風險！

　　除了「且」跟「或」常會混用，我們還有一個關係常會混用。我們知道 $a > b$，$b > c$，所以 $a > c$；也知道 $L_1 /\!/ L_2$，$L_2 /\!/ L_3$，所以 $L_1 /\!/ L_3$；所以常有人會將推導的關係式當作一種既有形式，而導致錯誤。如：$L_1 \perp L_2$，$L_2 \perp L_3$，所以 $L_1 \perp L_3$，見圖 7，但這是錯的，正確情形是 $L_1 /\!/ L_3$。會有這樣錯誤思考的人不在少數，即便是真實生活中，某部分人知道甲打乙，乙打丙，不等於甲打丙，他們仍然會混用而不去思考，這是不妥的。也因此常見財務糾紛，甲欠乙 100 元，乙欠丙 100 元，所以可視作甲欠丙 100 元，這樣對嗎？這邊還有很多時間與利息、法律等等的問題，所以不能隨便混用。

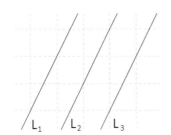
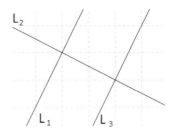

圖 7

排容原理

　　已討論集合的「或」跟「且」的圖案觀念，如果我們要計算集合內，元素（物件）的數量，將會利用到集合圖案的觀念。1

到 10，有幾個偶數？答：5 個。

　數學的記法，令偶數集合是 *A*，*A* = {2, 4, 6, 8, 10}，*A* 集合的元素數量是 $n(A) = 5$。利用集合的圖案觀念，得知聯集（或）、交集（且）的意義，可以幫助我們計算。

例題 1：1 到 10 的整數，A 是 2 的倍數、B 是 3 的倍數

　有多少個數字符合 A 或符合 B。由圖 8 可知有 7 個。

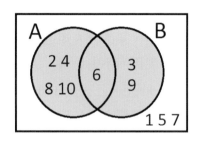

圖 8

　所以是 2 或是 3 的倍數的數字有 7 個。但要怎麼計算？

　2 的倍數（有 5 個）「加上」3 的倍數（有 3 個），但 6 這個數字重複 1 次（2 的倍數與 3 的倍數得交集），所以要扣去，5 + 3 −1 = 7。所以可推導 $n(A \cup B) = n(A) + n(A) - n(A \cap B)$。

例題 2：1 到 30 的整數，A 是 2 的倍數、B 是 3 的倍數、C 是 5 的倍數，有多少個數字符合 A 或符合 B ？由圖 9 可知有 22 個。

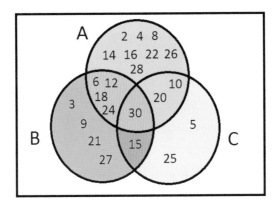

圖9

　　所以是 2 或是 3 或是 5 的倍數的數字有 22 個。但用列表的方式看來不是好辦法，要怎麼計算？ 2 的倍數（有 15 個）「加上」3 的倍數（有 10 個）「加上」5 的倍數（有 6 個），但 6、10、15 的倍數重複 1 次，所以要減去。6 的倍數有 5 個，10 的倍數有 3 個，15 的倍數有 2 個，而 30 這數字，被減 3 次，要加回來。所以要扣去，$15 + 10 + 6 - 5 - 3 - 2 + 1 = 22$。

　　最後可推導 $n(A \cup B \cup C) = n(A) + n(B) + n(C) - n(A \cap B) - n(A \cap C) - n(B \cap C) + n(A \cap B \cap C)$

結論

　　利用圖案觀念，得知聯集（或）、交集（且）的意義，推導出以下原理。

　　1. $n(A \cup B) = n(A) + n(B) - n(A \cap B)$

　　2. $n(A \cup B \cup C) = n(A) + n(B) + n(C) - n(A \cap B) - n(A \cap C) - n(B \cap C) + n(A \cap B \cap C)$

此原理是為了計算集合中的數量，被稱作排容原理、又稱容斥原理。排容原理也被應用到機率學上。練習這邊的內容，有助於推理。

3.3.2 集合──認識「至少」與「扣除」

例題 1：我至少 170 公分。

在本句可看到**「至少」**，並可以明白，170 公分、171 公分、172 公分**都**符合題意。

例題 2：我的鈔票有很多種，但要扣除 500 元面額。

在本句可以看到**「扣除」**，並可以明白，我符合**其中一個**敘述。

以數學圖案來表示

例題 3：1 ～ 10，至少比 5 大的數字，顯示在 A 集合內。見圖 10。

例題 4：1 ～ 10，扣除偶數的數字，顯示在 A 集合內。見圖 11。

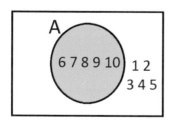

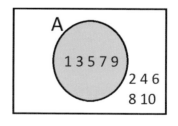

圖 10　　　　　　　　　　　　圖 11

可發現至少跟扣除的觀念有點類似。

在集合 A 外面的元素，在數學上是可以用補集 A^c 的概念來敘述。而全部的元素所在的集合稱為宇集 U。宇集 U、集合 A、補集 A^c，三者的關係是：$U - A = A^c$。

兩個條件的逐步篩選

例題 5：10 人，1～5 號是男生，6～10 號是女生。請問女生是奇數的有哪些？

可以這樣想，先找出女生，設為集合 A，再扣除偶數，設為集合 B。

所以是 7、9。以圖 12 來看

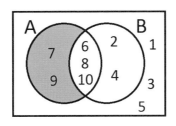

圖 12

這在數學上是差集的概念，$A - B = A - A \cap B$。

小結

且、或、至少、扣除是生活上比較會用到的集合關係，以及對話上需要注意的內容，對於敘述內容可以有更清晰的認識，以免語句認知錯誤，導致對話中產生問題。

3.3.3 敘述與否定敘述

由前文可知一個完整敘述的重要性，如果省略將會導致誤會。並且也知道我們常會加上「反過來說的句子」，來強調第一句。如：蓋核能就有電，不蓋就沒電。這句的邏輯是不一定正確，但仍可以看到需要否定的敘述。而否定敘述如何寫，由以下例題可知，並加上集合的關係，來更清楚內容。

例題 1：原敘述：他有錢，見圖 13。

否定敘述：他沒有錢，見圖 14。

例題 1-1：原敘述：此數字是 2 的倍數，見圖 15。

否定敘述：此數字不是 2 的倍數，見圖 16。

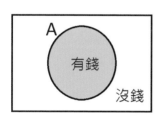

圖 13

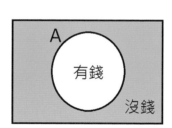

圖 14

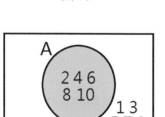

圖 15

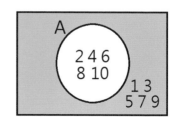

圖 16

由例題 1、例題 1-1，可以發現否定敘述是補集的概念。

例題 2：

原敘述：此人有錢，或是有帶卡，見圖 17。

否定敘述：此人沒錢，並且沒帶卡，見圖 18。

例題 2-1：

原敘述：此數字是 2，或是 3 的倍數，見圖 19。

否定敘述：此數字不是 2 的倍數，並且不是 3 的倍數，見圖 20。

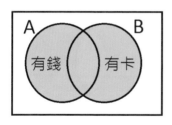

圖 17

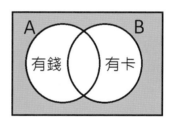

圖 18

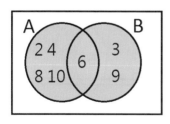

圖 19

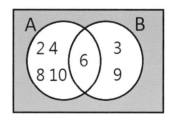

圖 20

由例題 2、例題 2-1，可以發現否定敘述是補集的概念。

以及原敘述的「或」，到否定敘述會變「且」。

例題 3：

原敘述：此人有錢，並且是有帶卡，見圖 21。

否定敘述：此人沒錢，或沒帶卡，見圖 22。

例題 3-1：

原敘述：此數字是 2，且是 3 的倍數，見圖 23。

否定敘述：此數字不是 2 的倍數，或不是 3 的倍數，見圖 24。

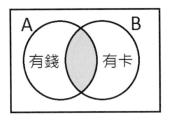

圖 21

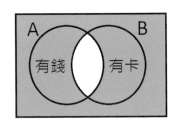

圖 22

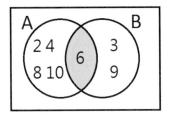

圖 23

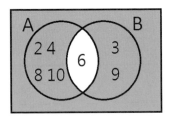

圖 24

由例題 3、例題 3-1，可以發現否定敘述是補集的概念。

以及原敘述的「且」，到否定敘述會變「或」。

結論：

由 3.3 可知如何否定敘述，以及在句子中有「或」如何否定敘述。以及在句子中有「且」如何否定敘述。並且與集合的補集、聯集的補集、交集的補集、圖案關係類似。以上這原理稱作狄摩根原理。

a. 集合

　　1. $(A \cup B)^c = A^c \cap B^c$　　　　　2. $(A \cap B)^c = A^c \cup B^c$

b. 敘述

因為敘述與集合的概念類似，為了避免符號混淆，敘述的代號用 p、q 來表示，否定用「$\sim$」，聯集用「$\vee$」，交集用「$\wedge$」。

　　1. $\sim(p \vee q) = (\sim p) \wedge (\sim q)$　　　2. $\sim(p \wedge q) = (\sim p) \vee (\sim q)$

我們要熟悉否定敘述，要多練習狄摩根原理，最後就可以助於推理。

3.3.4 集合與敘述的重點整理

集合需要認識交集與且的概念、聯集與或的概念、至少與補集的概念、扣除與差集的概念、排容原理以及集合的狄摩根原理。敘述需要認識如何否定敘述，以及敘述的狄摩根原理。至於更多的相互組合在此就不再介紹。

排容原理

　　1. $n(A \cup B) = n(A) + n(B) - n(A \cap B)$

2. $n(A \cup B \cup C) = n(A) + n(B) + n(C) - n(A \cap B) - n(A \cap C) -$
   $n(B \cap C) + n(A \cap B \cap C)$

狄摩根原理

a. 集合

1. $(A \cup B)^c = A^c \cap B^c$ 2. $(A \cap B)^c = A^c \cup B^c$

b. 敘述

1. $\sim(p \vee q) = (\sim p) \wedge (\sim q)$ 2. $\sim(p \wedge q) = (\sim p) \vee (\sim q)$

3.4 邏輯

先前已經提到，邏輯是判斷前提的句子到結論的句子，這兩句的推論正確性？而這兩者會是怎樣的關係？

3.4.1 認識前提與結果的關係

例題 1：猴子與會爬樹，兩者的關係。

1. 猴子，會爬樹。　　　　　　確定這句話是對的。

   導致下列三句的正確與否

2. 猴子，不會爬樹。　　　　　一定錯誤。

3. 不是猴子，會爬樹。　　　　可能正確，也可能錯誤，
   　　　　　　　　　　　　　因爲貓咪、豹也會爬樹。

4. 不是猴子，不會爬樹　　　　可能正確，也可能錯誤，
   　　　　　　　　　　　　　狗、馬就不會爬樹。

觀察示意圖，見圖 25。

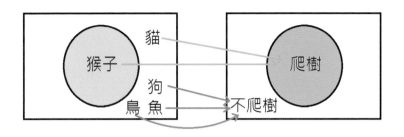

圖 25

所以，可以很清楚的知道 2 件事情

1. 不是猴子，會不會爬樹，都是有可能的。

2. 不爬樹的，一定不是猴子。

例題 2：人與死，兩者的關係。

　　1. 人，最後會死。　　　　　確定這句話是對的

　　　導致下列三句的正確與否

　　2. 人，最後不會死。　　　　一定錯誤

　　3. 不是人，最後會死。　　　可能正確，也可能錯誤，
　　　　　　　　　　　　　　　　因為貓、狗也會死。

　　4. 不是人，最後不會死。　　可能正確，也可能錯誤，
　　　　　　　　　　　　　　　　石頭就不會死。

　　觀察示意圖，見圖 26。

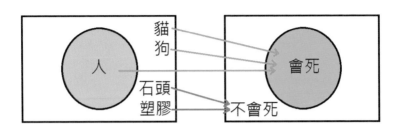

見圖 26

所以，可以很清楚的知道 2 件事情

1. 不是人，最後會不會死，都是有可能的。

2. 最後不會死的，一定不是人。

用數學的講法，前提是 p，結論是 q。

1. 猴子　　　　，　　會爬樹。

　　人　　　　　，　　最後會死。

　　前提 p　　→　　結論 q　　　正確。

2. 猴子　　　　，　　不會爬樹。

　　人　　　　　，　　最後不會死。

　　前提 p　　→　　結論 ~q　　　錯誤。

3. 不是猴子　，　　會爬樹。

　　不是人　　，　　最後會死。

　　前提 ~p　　→　　結論 q　　　可能正確，也可能錯誤。

4. 不是猴子　，　　不會爬樹。

　　不是人　　，　　最後不會死。

　　前提 ~p　　→　　結論 ~q　　　可能正確，也可能錯誤。

註：符號「~」是否定。

「前提 p → 結論 q，正確」，我們稱作「若 p 則 q，成立」。
如此一來我們就認識「前提到結論」的 4 個情形的結果。
接下來討論這 4 個情形何者可用、何者產生混淆。

3.4.2 討論否定前提無意義

由 3.4.1 可知，討論否定前提，其結果都有可能發生。
猴子，會爬樹。　不是猴子，可能會爬樹，也可能不會爬樹。
人，最後會死。　不是人，最後可能會死，也可能不會死。
所以當我們討論否定前提（~p）是沒意義的，因為都有可能的。生活對話中常見的錯誤：蓋核能有電。不蓋核能就沒電。第一句正確，第二句不一定正確。因為你可以火力、水力發電。

3.4.3 因果關係反過來講

前提到結果
1. 因為下雨，所以馬路濕。　　　　　p → 　q 正確。
2. 因為下雨，所以馬路不濕。　　　　p → ~q 錯誤。
3. 因為沒下雨，所以馬路濕。　　　　~ p → 　q 可能是潑水，
　　　　　　　　　　　　　　　　　　　　　　也可能錯誤。
4. 因為沒下雨，所以馬路不濕。　　　~ p → ~q 可能正確，也
　　　　　　　　　　　　　　　　　　　　　　可能錯誤。

用結果來推論
1. 因為馬路濕，所以下雨了。　　　可能正確，也可能錯誤。
2. 因為馬路不濕，所以是下雨了。　錯誤。
3. 因為馬路濕，所以沒下雨。　　　可能正確，也可能錯誤。

4. 因為馬路不濕，所以沒下雨。　　正確。

可以得到：

倒果為因 q → p 的討論無意義。馬路濕，可能是下雨，也可能不是下雨。

3.4.4 因果關係如何反過來講

猴子，會爬樹。　　　　不會爬樹，一定不是猴子。

人，會死。　　　　　　不會死，一定不是人。

下雨，馬路會濕。　　　地板不濕，一定是沒下雨。

所以當若 p 則 q 成立，恆成立，若 ~q 則 ~p。

由 3.4.3 與 3.4.4 可知如何反過來講。

當「若 p 則 q 成立」

反過來說，是「若 ~q 則 ~p 成立。」

不是「若 ~p 則 ~q 成立。」

3.4.5 判斷語句正確性

由本章前面已認識基本邏輯觀念，可利用邏輯來判斷句子的正確性。

例題 1：蓋核能有電，所以不蓋核能就沒電。

蓋核能發電，有電。　　正確。

蓋核能發電，沒電。　　錯誤。

不蓋核能發電，有電。　可能正確，也可能錯誤。

不蓋核能發電，沒電。　可能正確，也可能錯誤。

討論否定前提無意義，這是錯誤的強調手法，

並且反過來說是「沒電，一定是沒蓋核能發電」。

例題 2：加入 ECFA，經濟會起飛。不加入，經濟就不會起飛。

加入 ECFA，經濟會起飛。　　正確

加入 ECFA，經濟不起飛。　　錯誤

不加入 ECFA，經濟會起飛。　　可能正確，也可能錯誤。

不加入 ECFA，經濟不起飛。　　可能正確，也可能錯誤。

討論否定前提無意義，這是錯誤的強調手法，

並且反過來說是「經濟不起飛，一定是不加入 ECFA」。

例題 3：如果老闆加員工薪水，政府就不查稅。所以不加薪就查稅。

加薪，不查稅。　　　　正確。

加薪，查稅。　　　　　錯誤。

不加薪，不查稅。　　　可能正確，也可能錯誤。

不加薪，查稅。　　　　可能正確，也可能錯誤。

討論否定前提無意義，這是錯誤的強調手法，

並且反過來說是「查稅，一定不加薪」。

例題 4：核電發生災害會死很多人，但機率低，所以很安全。

本敘述可分為兩部分，會死很多人是不安全。機率低是安全。而我們對於生命安全考量應該是高規格，條件限制要多。只要滿足一個不安全就是不安全。可以用一個簡單例子來反駁這段話。打雷被打到會死，但只有 1 個人，並且發生被雷打到的機率更低，但打雷大家認為是不安全。這段話很明顯大家都認同。所以核電相較打雷產生的死人更多、機率更大，實在沒理由認為核

電安全。

　　並要思考此問題要看期望值還是看機率，機率很低，假設是 0.001%，但是發生問題卻是近半個台灣受災，至少 500 萬人死亡，期望值是 500 萬 *0.001% = 500，並且不只是這一代的人受影響，還有下一代。所以我們還可以認為核電安全嗎？可以用一個簡單例子來反駁這段話。被雷打到會死，但只有 1 個人，並且發生被雷打到的機率更低，假設是 0.0001%，所以期望值 1*0.0001% = 0.000001 小於 1。但大家會認為打雷時外出是不安全。那核電相較打雷產生的死人更多、機率更大，期望值更大，為什麼認為核四安全？所以我們要知道核四的安全性不是看機率而是看期望值。

補充說明

　　災害這東西應該用期望值來看而非用機率來看，什麼是期望值？期望值其實就是平均。我們以例題來說明可以快速的理解。有 6 個球，1 號球一個、2 號球兩個、3 號球三個，抽到 1 號給 6 元，2 號給 12 元，3 號給 18 元。那麼平均抽一次會拿到多少錢？假設抽 6 次，取後放回情形，1 號、2 號、2 號、3 號、3 號、3 號，就是每個球都抽出來，每個球機率都一樣的情形。

平均抽一次獲得的錢：$(6 + 12 + 12 + 18 + 18 + 18) \div 6 = 14$。

以分數方式思考：$\dfrac{6+12+12+18+18+18}{6} = \dfrac{6}{6} + \dfrac{12+12}{6} + \dfrac{18+18+18}{6}$

$= 6 \times \dfrac{1}{6} + 12 \times \dfrac{2}{6} + 18 \times \dfrac{3}{6}$

分數就是該球的機率，期望值就是該球的價值乘上該球的機率，所以期望值就是平均。那麼既然平均的彩金是 14 元，那麼主辦

方只要將彩券金額設定在 14 元以上就不會賠錢。

　　以期望值方式來計算保險理賠。一年一期的意外險賠償 100 萬元，統計資料顯示出意外的機率為 0.1%，則保險公司每一份保單的最低應該大於多少才不會虧損？參考表 1。

表 1

	保險公司得到的金額金額	機率	期望值
沒發生意外	x	99.9%	99.9%x
有發生意外	$x - 100$ 萬	0.1%	0.1%($x - 100$ 萬)

保險公司對於保險費的期望值至少要是 0，才不會賠錢，

$$期望值 \geq 0$$
$$99.9\%x + 0.1\%(x - 100 \text{ 萬 }) \geq 0$$
$$99.9\%x + 0.1\%x - 0.1\% \times 100 \text{ 萬 } \geq 0$$
$$x \geq 0.1\% \times 100 \text{ 萬}$$
$$x \geq 1000$$

　　所以保險費＝賠償金額 × 意外的機率，而超過的部分就是保險公司的利潤。當我們了解期望值與保險費用的計算原理後，就可以知道你買的保險其中有多少是被保險業抽走當利潤。

例題 5：物價低，導致失業率變高。所以物價太低不好。

　　意味著物價高，導致失業率變低。

　　物價低，大家賺 1 年可活 10 年，所以不是每個人都想工作。

　　失業率高。　　　　　　　正確。

　　物價低，大家賺 1 年可活 10 年，大家都想去工作。

　　　失業率變低。　　　　　　　錯誤。

　　　物價高，大家賺 1 年可活 3 年，所以不是每個人都想工作。

　　　失業率變高。　　　　　　　可能正確，也可能錯誤。

　　　物價高，大家賺 1 年可活 1 年，所以不工作，就餓死，只好一直工作。失業率變低。　　可能正確，也可能錯誤。

　　　討論否定前提無意義，這是錯誤的強調手法，

　　　並且反過來說是「失業率變低，一定是物價高」，這樣才正確。

例題 6：送鑽戒，愛對方。不送鑽戒，不愛對方。

送鑽戒，愛對方。	正確。
送鑽戒，不愛對方。不愛卻送很詭異。	錯誤。
不送鑽戒，愛對方。可能有關心生活。	可能正確，也可能錯誤。
不送鑽戒，不愛對方。不愛當然不送。	可能正確，也可能錯誤。

　　　「沒送鑽戒是不愛她」，這句是討論否定前提，無意義。「愛我就要送我鑽戒」，這句是倒果為因，也是無意義。

3.4.6 連續因果關係

　　　人是動物，動物會死。所以人會死。

　　　$p \rightarrow q$　，$q \rightarrow r$　。$p \rightarrow r$　　。

　　　由以上例題可以很簡單知道，連續因果關係。

3.4.7 常犯的語言謬誤

謬誤，指的是生活上錯誤的觀念。有些謬誤可以直覺地發現是不合邏輯，有些則不容易。但如果利用邏輯可以清楚地判斷該推論的正確性。以下將介紹不合乎邏輯的言論。以下類型參考邏輯思考一書。

1. 人身攻擊

不就事論事，以該對象的其他事情來攻擊對方，並作下此事情的推論。

案例 a.

小明愛吃東西又很胖。有一天小美的餅乾不見了。小美指責小明那麼胖又愛吃，一定是他偷吃東西。

案例 b.

小華拿到超速罰單，小美便說小華沒有法治觀念，所以他也會偷東西。

2. 人身牽連

此一論調，類似人身攻擊卻沒有那麼直接，而是基於該對象的背景或是立場，予以評論。

案例 a

小華是大男人主義的男人，小英很討厭大男人主義，所以有關小華的言論她都不予以接受。

案例 b

A 政黨的言論，B 政黨說：非本黨的人發表的內容都不值得採信。

3. 相似非難，你也是一樣，互揭瘡疤

此一論調，意在把兩者間的層級拉近，用類似的事情來反擊，讓這次問題模糊，或是降低處罰，但都是沒有就事論事，也不代表自己是對的。

案例 a.

弟弟打破了杯子，卻說哥哥上次打破碗，媽媽沒有處罰哥哥，所以這次也不能處罰自己。

案例 b.

A 政黨被 B 政黨指控貪汙，於是 A 政黨請 B 政黨說明黨產來源。

4. 訴諸群情

這是一種煽動，而非去解釋該事情的正確性。

案例 a

B 政黨對選民說：A 政黨常黃牛，你們還敢相信他這次的打包票嗎？

案例 b.

用了我們家的保養品，有這麼多人有效，你也趕快加入我們。

5. 訴諸權威

相信權威說的內容，但卻不思考的全信。權威的話具有一定的公信力，但不代表他會永遠都對。

案例 a.

A 政黨的選民，不管內容只是一昧的挺 A 政黨的言論。

案例 b.

父母對於子女：常見小孩說，我媽媽或爸爸說不可以，卻沒有思考為什麼。

6. 訴諸無知

因為沒人反駁，便認為自己是對的。

案例 a.

宋朝時，小王認為月亮會發光，而沒人反駁他，於是他覺得自己是對的。

案例 b.

法院判斷一個人有無犯罪，因為找不到任何證據來證明有罪，所以判他無罪，但很有可能是罪證被處理乾淨。

7. 訴諸憐憫

博取同情。

案例 a.

小琪打破了杯子，媽媽要處罰他，她請求說不要打我，因為會很痛。

案例 b.

有人去搶超商，被抓後請求原諒，原因是因為他肚子餓。

8. 訴諸暴力

用威脅言論、武力來達到目的。

案例 a.

不給我錢就打你。

案例 b.

不蓋核能電廠就沒電。

9. 乞求爭點，循環論證，先有雞還是先有蛋

具有兩種樣式。直接看案例就可明白循環的不合理點。

案例 a.

為什麼他帥，因為他帥。

案例 b.

為什麼有雞，因為有蛋，為什麼有蛋，因為有雞。

10. 複合問題，文字陷阱

一句話中包含兩個以上的問題，其中一個是明顯的問題並隱藏另一個問題。但回答後，卻拿答案當隱藏問題的回答。

案例 a.

小美的蛋糕被偷吃了。對小華說：你吃了蛋糕後有沒有擦嘴巴。小華說有。小美就說果然是你偷吃我的蛋糕。

案例 b

捐血車上的護士問有沒有固定的性伴侶，回答沒有。

案例 c

阿寶問小黑：「你都去固定的加油站加油嗎？」，小黑回答加油站當然是固定不會動的，哪有會動的加油站。問題設計不好：其原意是要問是固定去加哪一家的油。

11. 偶例，偶有特例不適用

普遍認知的事情，應用到不適合執行的情形下。

案例

　　有個人缺錢買毒，搶劫殺人被關，大喊每個人生而自由平等，還我自由。

12. 逆偶例

　　與偶例方向相反。不適合的情形下，應用普遍認知的事情。

案例

　　麻醉劑容易成癮，所以開刀不要用麻醉劑。

13. 假因

　　有兩種型態：1. 推論出錯誤原因。

　　　　　　　　　2. 因為兩事件的連續發生，便把前者當作是原因。

案例 a.

　　小華認為馬路濕一定是因為下雨。

案例 b.

　　A 車車禍，B 車停下協助，但 A 車認為是 B 車撞他。

14. 稻草人

　　人的意見被曲解。然後用曲解的意思來評論對方。

案例

　　小英的生活過得很滿足。小華認為小英一定很有錢。

15. 片面辯護

　　只講好不講壞，或是只講壞不講好。

案例 a.

　　休息可以走更長遠的路，休息可以放鬆心情，所以不要唸書只要休息。此案例沒有講到一直休息無所事事的壞處。

案例 b.

　　應該將公娼合法化，因為可以降低性侵案，並增加稅收。此案例沒有提到產生的民風影響，以及教育衝擊。

16. 一語多義

　　由文字產生的誤會，或在不同關係中，不一定能兩段話串連。

案例 a.

　　牛排不好吃。是不美味，還是不方便吃，語意不明。

案例 b.

　　時間就是金錢。健康就是最大的財富。所以健康就是有時間。

案例 c.

　　我們常聽到有人對胖子說，羅馬不是一天造成的。也聽過有人說，條條大路通羅馬。所以不管怎麼做都會胖。

17. 一句多義

　　由斷句，或針對對象不清楚，而產生的問題。

案例 a

　　原句未標點斷句：下雨天留客天留我不留。

　　其一斷句與解釋：下雨天，留客天，留我，不留。

　　下雨天，是留客人的天氣，主人留我下來，但我不留。

其一斷句與解釋：下雨，天留客，天留，我不留。

下雨，天給留住客人的理由，但天留，主人我不想留客人。

案例 b.

爸給兄弟一百。不知道完整情形。不知道是給兄弟各一百，還是只給兄弟一百要他們自己分配。

18. 強調

用加重音或是再讀一次，或是破音字，文章中用不同字體，加上標點等等方式，產生不同的語意。類似 17. 一句多義，但一句多義不只用標點來產生變化性。

案例

有人生了孩子，朋友送了一副對聯。

左：長長長長長長長。右：長長長長長長長。橫：長長長長。

實際意義是

左：長長長長長長長。右：長長長長長長長。橫：長長長長。
　　ㄓㄤˇㄔㄤˊㄓㄤˇㄔㄤˊㄓㄤˇㄔㄤˊㄓㄤˇ　ㄔㄤˊㄓㄤˇㄔㄤˊㄓㄤˇㄔㄤˊㄓㄤˇㄔㄤˊ　　ㄔㄤˊㄓㄤˇㄔㄤˊㄓㄤˇ

19. 輕率推廣

只用少數幾次的情形，就推論全部都是一樣。

案例 a

曉美兩次戀愛都與爛男人交往，所以她認為男人都很爛。

案例 b

醫學上某種藥對 30 個病人用藥，有 25 個病人有效，所以認為此種藥對大多數人都有用。

20. 合稱

物體中小物件推論到大物件，產生的問題。

案例：

一杯海水是無色的，大海也是無色的。

此類別類似 16. 輕率推論，但還是有差異，輕率推論是個體推論個體。合稱是小推論大，比如說：確認車子零件，確認幾個零件都是精心製作，所以推論整台車是精心製作，在此有可能其他零件是有問題。又比如說：確認車子零件，確認每個零件都是精心製作，所以推論整台車是精心製作，在此有可能在組裝上是隨便亂組合。

21. 分稱

合稱的相反方向，物體中大物件推論到小物件，產生的問題。

案例：

鳥類會飛，所以雞會飛。

小結

我們可以發現中文不管在斷句上，或是文字意義上，或是發音容易引起誤會，雖說這也是中文的文化藝術面一環，但也產生不少問題。不論如何，熟悉常犯語言錯誤，可以讓我們避免犯類似的問題，避免不合邏輯的語句，增加溝通方便性。

· A：起薪 30000 一年調 5000；B：起薪 30000 半年調 2500。哪個總薪水高？

大部分人會覺得 A 月薪高，總薪資也是 A 較高，真實情況呢？

看看表 2、3。結果是 B 累積的薪水比較多，所以我們不能以直覺來判斷事情。

表 2：A 的薪水情形	這半年薪資	累計總薪資
0~6 月的月薪：30000	18 萬	18 萬
6~12 月的月薪：30000	18 萬	36 萬
12~18 月的月薪：35000	21 萬	57 萬
18~24 月的月薪：35000	21 萬	78 萬
24~30 月的月薪：40000	24 萬	102 萬
30~36 月的月薪：40000	24 萬	126 萬

表 3：B 的薪水情形	這半年薪資	累計總薪資
0~6 月的月薪：30000	18 萬	18 萬
6~12 月的月薪：32500	19.5 萬	37.5 萬
12~18 月的月薪：35000	21 萬	58.5 萬
18~24 月的月薪：37500	22.5 萬	81 萬
24~30 月的月薪：40000	24 萬	105 萬
30~36 月的月薪：42500	25.5 萬	130.5 萬

結論

　　我們不能以直覺來判斷任何事情，容易出錯，最好經過完整邏輯推理才正確。

3.4.8 邏輯的總結

1. 邏輯，是判斷前提到結論的推論是否正確。

2. 在任何的情況下，只要「前提 p → 結論 q，正確」，

   a. 討論否定前提無意義。

      ~p → q 可能正確，可能錯誤。

      ~p → ~q 可能正確，可能錯誤。

   b. 倒果為因無意義。

      q → p 可能正確，可能錯誤。

      q → ~p 可能正確，可能錯誤。

   c. 了解「反過來說」如何敘述。

      當「若 p 則 q 成立。」反過來說，是「若 ~q 則 ~p 成立。」
      不是「若 ~p 則 ~q 成立。」，否則變討論否定前提無意
      義。

3. 連續因果關係，已知 p → q 及 q → r，所以 p → r。

4. 避免常犯的語言謬誤。

當了解上述內容後，可以避免說出種種的言語錯誤，也避免
被錯誤言論誤導或被恐嚇，也降低爭吵的可能性。使用中文太容
易聽到否定前提的討論，或是倒果為因的討論，最後引起爭執，
指稱對方考慮不周延，可能有錯誤，但對方卻堅持說可能對，所
以可行。殊不知用邏輯看，一目了然的發現在討論沒意義的事
情。

而這最大的原因是使用中文的人，**常把因果關係當等號關
係**，如：下雨 → 地濕，當作下雨 = 地濕，不下雨就不地濕。習
以為常的犯錯，媒體與政客天天反覆地胡言亂語，導致一代代的

人不斷地惡性循環，所以我們要使用正確的邏輯才能培養出理性素養，並且避免被言語恐嚇，以為錯的是對的。

　　本文主要是讓大家知道邏輯的概念與常見語法錯誤。有關雙箭頭內容以及專業的名詞：充分、必要、命題、否命題、逆命題、逆否命題。以及更複雜的具有交集或聯集的推論：$p \cap q \to r$，如狗與貓都會奔跑。在此不作介紹。利用邏輯的證明內容，因為比較偏向數學計算，這邊也不深入討論，僅作補充介紹。

補充說明

　　在討論邏輯時，此句話為正確時、成立時，英文會用 truth 或 T 來代替。此句話為錯誤時、不成立時，英文會用 false 或 F 來代替。此句話為可能正確可能錯誤時、是一個未知情形時，英文會用 unknown 或用 undecided 來代替。英文因為此單字，所以可以更明確的認識到有未知的情形。因為中文用「可能對、可能錯」的說法容易被人誤會也有可能對，所以是對的，但實際情形是未知不能拿來討論。

　　舉個一個簡單的例子：

1. 因為下雨，所以馬路濕。此句話正確，或可說成立、truth 或 T。
2. 因為下雨，所以馬路沒濕。此句話錯誤，或可說不成立、false 或 F。
3. 因為沒下雨，所以馬路濕。此句話因為潑水可能正確。
4. 因為沒下雨，所以馬路不濕。此句話正確。

　　由 3 與 4 可發現，在中文使用上，「可能正確」容易產生混淆，並將下雨 → 馬路濕，變成下雨 = 馬路濕，所以不下雨 = 馬

路不濕。所以我們用以下思考方式才妥當。

3. 因爲沒下雨,所以馬路濕。此句話是未知情形,或說 un-decided。

4. 因爲沒下雨,所以馬路不濕。此句話是未知情形,或說 undecided。

要強迫記憶,當 p → q 正確時,討論 ~p → q 及 ~p → ~q,是未知、沒意義。否則我們將會淪爲邏輯不好的人,不知所云,如:蓋核能有電。不蓋就沒電。用錯誤的方式討論,或可說是恐嚇的一種話術。

3.5 利用邏輯的證明方法

利用邏輯的證明方法,p 是前提,q 是結論,~p 是否定前提,~q 是否定結論。見表 4。

表 4

1. 直接證法	p → q,當其成立時就是正確
2. 反證法	利用 ~q → ~p,所以是 p → q 正確。
3. 找反例	找出反例的情形,證明錯誤。推導該題目所敘述不成立。
4. 數學歸納法	確定 n = 1 成立; 假設 n = k 成立; 若能推導 n = k + 1 也成立,則該數學式成立。

在生活上,比較常利用的邏輯推導:

1. 反證法。

2. 找反例，如：找極端化的例子。

3. 數學歸納法，類似以此類推，但它是演繹邏輯的證明方式，並不是語言中的歸納，不存在可能誤差的可能性。

3.5.1 利用直接證法的證明

例題 1：奇數乘奇數還是奇數？

令奇數是 $2a + 1$、另一個奇數是 $2b + 1$

相乘得到 $(2a + 1)(2b + 1) = 4ab + 2a + 2b + 1 = \underbrace{2(2ab + a + b)}_{偶數} + 1$

偶數 + 1 還是奇數，所以是奇數。

故奇數乘奇數還是奇數。

3.5.2 利用反證法的證明

例題 2：$\sqrt{2}$ 是無理數？

證明 $\sqrt{2}$ 是無理數，前提 p 是 $\sqrt{2}$，結論 q 是無理數。

我們將要證明 $\sim q \rightarrow \sim p$ 成立，所以 $p \rightarrow q$ 成立。

先假設 $\sqrt{2}$ 是有理數，

所以 $\sqrt{2}$ 可以寫成最簡分數 $\dfrac{b}{a}$

$\dfrac{b}{a}$ 為最簡分數，所以 $(a, b) = 1$，a、b 互質

$\sqrt{2} = \dfrac{b}{a}$

$2 = \dfrac{b^2}{a^2}$ 　　　　　兩邊平方

$2a^2 = b^2$ 　　　　　移項

所以 b^2 是偶數

故 b 也是偶數，設 $b = 2c$

$2a^2 = (2c)^2$

$2a^2 = 4c^2$

$a^2 = 2c^2$

所以同樣的 a 也是偶數

導致 $(a, b) = 2$

但一開始已經強調 a, b 是最簡分數，$(a, b) = 1$

產生矛盾

使用 $\sim q$，導致 $\sim q \rightarrow \sim p$ 成立

所以 $p \rightarrow q$ 正確

故 $\sqrt{2}$ 是無理數

所以 $\sqrt{2}$ 是無理數的證明也不是特別複雜，如同自己挖坑給自己跳，最後知道有坑不能走，遇到要繞開。說穿了沒有很難，只是大家太害怕數學而不敢去做。而此問題早在古希臘時期歐幾里得的《幾何原本》已有證明。

3.5.3 利用找反例的證明

例題 3：周長越大、面積越大嗎？

找反例，常用極端化的例子，正方形周長 40、面積 100；長方形周長 162、長 80 寬 1、面積 80，所以周長與面積無關。

3.5.4 數學歸納法

數學歸納法，對於很多人來說一直是模糊不清，也根本不

知道它該用在生活何處。有人說歸納是以此類推的意思，所以數學歸納法是數學的以此類推。事實上兩者的確很接近，但又不盡然。會有這樣的問題，是因為部分人對於數學歸納法的證明不甚了解。因為它僅證明三樣東西，便**歸納**全部的情況都是正確，這常令人感覺到遲疑。

例題 4：

　　路上看到一條黑狗，然後又看到一條黑狗，然後又看到第三條黑狗。歸納出一個結論：狗都是黑色。但有可能是沒看到其他顏色的狗。

例題 5：

　　觀察數字 1 到 8 之間的數字，發現 1 只能是因數，2 是質數也是偶數，3、5、7 都是質數也是奇數。歸納出下列結論：2 是質數中的例外，而除了 1 以外的奇數都是質數。但我們知道 9 就不是質數。這就是用「歸納」產生的推論錯誤。

　　生活經驗告訴我們「歸納」不是 100% 正確，有可能產生問題。如果找到反例，就可說明推論錯誤。但用「數學歸納法」證明之後，就強調數學式 100% 正確。這邊就是大多數人不能接受「數學歸納法」的地方，本文將會解釋，為什麼數學歸納法具有絕對正確，並且值得信賴。

註：數學歸納法（Mathematical Induction），又簡稱數規（MI）。

1. 為什麼會有數學歸納法？

　　因為有些時候我們的公式，並不是靠原理去推理出來，而是靠猜出來，也就是研究數字變化，推論出一個數學式。但又需驗

證猜的數學式的正確性，利用數學歸納法可以幫助驗證。這將在稍後例題介紹。

2. 數學歸納法的原理

第一步：

　　先驗證，n = 1 是正確。是為了找一個起點，說明最小情況，敘述的事情是正確，如果連最小情況都驗證失敗，那此敘述肯定錯誤。

第二步：

　　假設 n = k 也是正確，並且以此關係式，來推論 n = k + 1，也是正確，這樣代表任意連續兩情形之間，存在一個關係，上一個正確，下一個也正確的連帶關係；如果**不正確**代表任意連續兩情形之間**不存在**必然關係，不存在上一個正確、下一個也正確的連帶關係。也將導致此敘述錯誤。

第三步：

　　我們已驗證過 n = 1 正確，因為第二步正確可知，任意連續兩情形間，具有上一個正確、下一個就連帶正確。所以連帶 n = 2 就正確，接著又連帶 n = 3 正確，如此一來就像推骨牌一樣，一個接著一個都正確，導致通通都正確。最後就說該敘述是正確。

　　所以數學歸納法只要確定第一件事情正確。並確定第二件事情正確，就可以得到兩者的連帶關係成立。第三步因為文字敘述太長，予以省略，說根據數學歸納法，所以該敘述正確。

例題 6：

以等差數列總和爲例，我們可以知道根據高斯的原理，推導出眞正的公式，

$$S = 1 + \quad 2 \quad + \quad 3 \quad + ... + (n-2) + (n-1) + n$$
$$+) \ S = n + (n-1) + (n-2) + ... + \quad 3 \quad + \quad 2 \quad + 1$$
$$\overline{2S = (n+1) + (n+1) + (n+1) + ... + (n+1)}$$
$$2S = (n+1)n$$
$$S = \frac{(n+1)n}{2}$$

但我們也可以利用數學歸納法，推論這公式是完全具有公信力不會出錯的。

例題 6-1：$1 + 2 + 3 + ... + n = \dfrac{(1+n)n}{2}$ 用數學歸納法驗證此式是否正確？

第一步：先確認最小情況是否正確。

$n = 1 \Rightarrow$ 左式 $= 1$、右式 $= \dfrac{(1+1)1}{2} = 1$，所以左式等於右式，最小情況正確。

第二步：假設在某數 k 的時候是正確，以及推論某數 k 的下一個數，$k + 1$ 也是正確。

$$n = 1 \Rightarrow 1 + 2 + 3 + ... + k = \frac{(1+k)k}{2} \ ---- \ (*)$$

假設左式等於右式成立

$$n = k + 1 \Rightarrow 1 + 2 + 3 + ... + k + (k+1) = \frac{[1+(k+1)](k+1)}{2}$$

利用（*）來說明左式等於右式

左式 $= 1 + 2 + 3 + \ldots + k + (k+1)$

$$= \frac{(1+k)k}{2} + (k+1)$$

$$= \frac{(1+k)k}{2} + \frac{(k+1)2}{2} \quad \text{通分}$$

$$= \frac{(1+k)}{2}(k+2) \quad \text{提出公因式}$$

$$= \frac{(1+k)(k+2)}{2}$$

$$= \frac{(1+k)(k+1+1)}{2}$$

$$= \text{右式}$$

可以得到上一個正確，下一個就正確的關係。

第三步：

　　因為 $n = 1$ 正確，連帶 $n = 2$ 就正確，接著又連帶 $n = 3$ 正確，以此類推通通都正確，所以該公式正確。

　　或者省略上述兩行，直接說根據數學歸納法，該公式正確。

例題 7：$1 + 2 + 3 + \ldots + n = \dfrac{(2+n)n}{3}$ 用數學歸納法驗證此式是否正確？

第一步：先確認最小情況是否正確。

　　$n = 1 \Rightarrow$ 左式 $= 1$、右式 $= \dfrac{(2+1)1}{3} = 1$，所以左式等於右式，最小情況正確。

第二步：假設在某數 k 的時候是正確，以及推論某數 k 的下一個
　　　　數，$k+1$ 也是正確。

$$n = k \Rightarrow 1+2+3+...+k = \frac{(2+k)k}{3} \quad ---- \; (\,*\,)$$

假設左式等於右式成立

$$n = k+1 \Rightarrow 1+2+3+...+k+(k+1) = \frac{[2+(k+1)](k+1)}{3}$$

利用（＊）來說明左式等於右式

左式 $= 1+2+3+...+k+(k+1)$

$$= \frac{(2+k)k}{3} + (k+1)$$

$$= \frac{(2+k)k}{3} + \frac{(k+1)3}{3} \quad 通分$$

$$= \frac{2k+k^2+3k+3}{3}$$

$$= \frac{k^2+5k+3}{3}$$

$\neq$ 右式

無法建立連續 2 個整數的上一個正確，下一個就正確的關
係。

第三步：

雖然 $n=1$ 正確，但無法使用數學歸納法推論每一項都正
確，所以該公式並不正確。

例題 8：觀察圖 27 點的數量，推論數學式

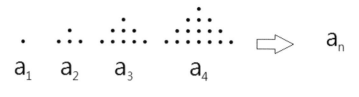

圖 27

可寫作

$a_1 = 1$

$a_2 = 1 + 2 + 1 = 4$

$a_3 = 1 + 2 + 3 + 2 + 1 = 9$

$a_4 = 1 + 2 + 3 + 4 + 3 + 2 + 1 = 16$

發現

$a_1 = 1 = 1^2$

$a_2 = 1 + 2 + 1 = 4 = 2^2$

$a_3 = 1 + 2 + 3 + 2 + 1 = 9 = 3^2$

$a_4 = 1 + 2 + 3 + 4 + 3 + 2 + 1 = 16 = 4^2$

所以猜測 $a_5 = 1 + 2 + 3 + 4 + 5 + 4 + 3 + 2 + 1 = 25$，

或是利用 $a_5 = 5^2 = 25$。

觀察圖 28 點的數量

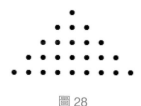

圖 28

的確是 25 點。

所以推論 $a_n = 1 + 2 + 3 + \cdots + n + \cdots + 3 + 2 + 1 = n^2$

例題 8-1：由例題 8 發現，$1 + 2 + 3 + \cdots + n + \cdots + 3 + 2 + 1 = n^2$，用數學歸納法說明正確。

第一步：先確認最小情況是否正確。

$n = 1 \Rightarrow$ 左式 = 1、右式 $1^2 = 1$，所以左式等於右式，最小情況正確。

第二步：假設在某數 k 的時候是正確，以及推論某數 k 的下一個數，$k + 1$ 也是正確。

$n = k \Rightarrow 1 + 2 + 3 + ... + 3 + 2 = k^2$ ---- （＊）

假設左式等於右式成立

$n = k + 1 \Rightarrow 1 + 2 + 3 + ... + k + ... + 3 + 2 + 1 = (k + 1)^2$

利用（＊）來說明左式等於右式

左式 $= 1 + 2 + 3 + ... + k + (k + 1) + k + ... + 3 + 2 + 1$

$= 1 + 2 + 3 + ... + k + ... + 3 + 2 + 1 + (k + 1) + k$

$= k^2 + (k + 1) + k$

$= k^2 + 2k + 1$

$= (k + 1)^2$

= 右式

可以得到上一個正確，下一個就正確的關係。

第三步：

因為 $n = 1$ 正確，連帶 $n = 2$ 就正確，接著又連帶 $n = 3$ 正確，以此類推通通都正確，所以該公式正確。

或者省略上述兩行，直接說根據數學歸納法，該公式正確。

3.5.4 結論

　　由以上的例題，可知數學歸納法，是值得信賴並 100% 正確的，但可發現公式由來，並不一定需要清楚，然而我們仍然可以驗證該公式對不對，因為這正是數學迷人的地方，我們不見得一定要用該作者發現的方式來驗證公式正確性，我們可以藉由數學歸納法來驗證這條式子是否正確。

　　事實上，很多時候的公式也是先推理或是拼湊出來，然後用數學歸納驗證是否正確，然後再去思考怎樣的抽絲剝繭，找出順序來證明該式子，使其式子的證明再一次地被強化，足以被大家所相信。

　　同時數學歸納法的名稱，感覺好像不是很嚴謹。數學歸納法的命名類似統計名詞，「歸納」這一詞令人感覺好像可能有瑕疵，好像是用一堆數據歸納出一個結論，而歸納的東西總是令人不安，但數學歸納法根本就不是歸納的意味，它就是一個謹慎的演繹法，是一個 100% 值得相信的方法，只是名稱令人不安。事實上作者認為可能是命名錯誤。也許我們應該說這是數學推論法（Mathematical Inference，**仍是** MI），或說數學演繹法（Mathematical Deduction），但用了這麼久只能將錯就錯，不可能更名，看來不可避免因名稱而產生理解瑕疵。

補充說明

　　作者認為現在教學書寫的數學歸納法，不該用簡寫帶過，學生在不了解數學歸納法的情況下，怎可以說因為數學歸納法來做總結，那是給數學家來簡寫文字的，對於初學者學習時，不應該

有太多的簡寫行爲。

回顧數學歸納法證明的流程

```
n = 1 正確
n = k 正確
n = k + 1 正確
因爲數學歸納法，所以得證。
```

「因爲 n = 1 正確，以及任意連續兩個都正確，可以推導（推論）1 正確所以 n = 2 正確，連帶 n = 3 正確 n = 4、5、6、7、8、9、……全都正確。」將這段文字省略。省略後看不到哪裡有歸納與推理的意思，數學歸納法的精神應該是著重在推論才對。寫成「因爲數學歸納法」，省一些字，讓學生不懂數學歸納法內容，因小失大。

本章參考文獻

http://pansci.tw/archives/72809
http://www.ettoday.net/news/20120307/30006.htm
http://www.setn.com/News.aspx?PageGroupID=6&NewsID=38745

第四章
如何降低數學恐懼，認識生活中的數學

　　如果用小圓代表你們學到的知識，用大圓代表我學到的知識，那麼大圓的面積是多一點，但兩圓之外的空白都是我們的無知面。圓越大其圓周接觸的無知面就越多。

芝諾（Zeno），古希臘哲學家

　　1814年，俄、奧、普聯軍兵臨巴黎城下，理工學校學生要求參戰。面臨滅頂之災的拿破崙卻說：「我不願爲取金蛋殺掉我的老母雞！」後來，這句名言被刻在巴黎理工學校梯型大教室的天花板正中心，激勵著該校師生奮發好學。

拿破崙（Napoleon），法國軍事和政治領袖。

4.1 將數學放回人類文明中

4.1.1 數學家在想什麼？

　　十九世紀一個偉大的數學家高斯曾講了一個小故事，他說，數學家很狡猾，就如同狐狸一般，走過路的痕跡，他會用尾巴磨平腳印。數學家在思考一個問題時，腦子裡其實雜七雜八，並不像產生出來的數學式子這麼樣的規律與完美，他會嘗試各種結果，也許會有很多挫折與錯誤，但只要結論出來，他就會把過程通通擦掉不談，所以數學家如同狡猾的狐狸。

　　不過，從錯誤的過程裡去了解數學，對學生而言，是非常重要的一件事，一般人都從錯誤中去學習事物，騎腳踏車也是跌跤幾次後才會的。可是現在老師用整理出來完美、乾淨的數學結果，來進行教學，若從錯誤學習的角度下手，是現行教育，時間上所不允許的。所以要有一個新的教育方式，如：從畫圖、捏黏土、玩積木過程中去體驗、了解數學。

4.1.2 把數學家走過的歷史痕跡畫出來

　　過去的數學家，只要做出來的定律能滿足並符合大自然現象，就可以了，例如牛頓的萬有引力定律，解釋蘋果只會往下掉，而不會往左或往右掉，靠直覺出發，不必嚴謹。了解歷史痕跡的脈絡後，再從複雜的數學式子去理解可能比較好。

　　如何簡單學習？就是從錯誤中學習，走過科學家的痕跡，利用直覺去了解問題，變成生活中學習的一部分。學校中的一些假題目或是老問題，總是一成不變，才讓學生淪為只會死背、痛苦學習數學。

最近發現一個笑話,那就是目前學校教的微積分的內容與應用方式,其實跟一百年前的微積分差不多。在大學裡,還在講牛頓力學,今日微積分的運用,老早超過力學了,數學教育顯得太過侷限。現在每個人手上都有智慧型手機,都有全球定位系統,這項功能與簡單的解析幾何有關,生活中都能接觸數學。在還沒發明電腦的時代,一些數學方法必須用複雜的數學去運算,但是現在科技進步,不必再去學那些老掉牙的東西了,學了沒必要也沒意義,如果讓學生繼續學習脫離生活現實的東西,數學無用論就這樣產生了。

如何從二十世紀出發,重新思考,運用新時代新生活觀點,去寫數學教材,進行「教育用數學」的教材,而非狹隘的「數學教育」,否則畢業後用不到的東西,學生何必要學。個人認為早就應該重編數學教材了!因為數學存在生活中,不能不用到,等到要用就是「書到用時方恨少」。

4.1.3 書到用時方恨少:數學的使用與發明

數學中有一種貝茲曲線,這種曲線最早被應用在二十世紀初,法國雷諾汽車廠為了要製作流線型的車身,就以貝茲曲線為準,設計給機器去做兩點間的圓弧線裁割。在電腦上,不止可設二個控制點,除了任何曲線均可裁割,滿足車廠需求外,也能設置多個控制點,造成一種立體視學動態的美感。小畫家的曲線就是貝茲曲線的應用。

進行美工設計的學生,以為自己讀美工不用數學,結果現在必須回過頭來學習貝茲曲線,誰說數學無用?數學的廣泛運用,最流行的就是動畫世界。網路世界中非常需要各種繪圖軟體做網

站，電影魔戒也大量用到貝茲曲線，進行人物的跳動。從數學式子變成車廠裁割程式，現在也變成具美感動態的設計概念。

　　文藝復興時代達文西的老師 Piero della Francesca 發明了三度空間的透視法，一張平面圖畫紙上，使用投影幾何法將畫布中人像栩栩如生展現出來，反而是藝術家的需要，造成數學的發明。當時的畫家為了學會三度空間的畫法，不斷地練習數學，並且也找出光線切在平面點上，兩個平行線將會交在無窮原點（一般數學的理解是兩平行線永不相交）。

　　網路上有種叫做「彩帶舞」的軟體，見圖 1，也是使用貝茲曲線與 Flash 去製作的，數學家利用即時運算讓彩帶運動而不間斷，這項小科技已經讓藝術家望塵莫及了，所以，藝術家更需要學數學。可參考此連結：http://www.openprocessing.org/sketch/48672

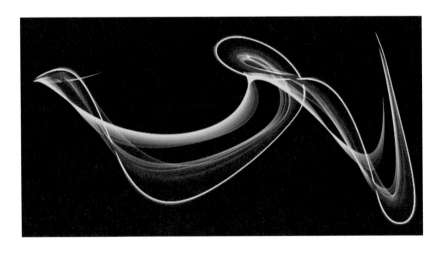

圖 1

在拉丁文中，Mathantic 意爲魔術，也就是現代魔法，能夠創造神奇事物的學問。文藝復興時期，藝術對數學造成影響，導致數學也爲了藝術而改變，爲了將三度空間表現出來，而使用數學這項技術，讓畫中人物栩栩如生，與觀者對話。

數學的發明與應用在電腦與網際網路上，讓人不得不親近，有人因爲工作的需要重拾數學，有人因爲無法理解而放棄了這塊新興產業，可見數學非但不是無用，而是非常有用的。因此，我們要將數學放回人類文明洪流，因爲這是一個完整的知識，必須找回來，爲大家所用，而且是從小就可以習得的一項技藝，我們必須這樣做，才不會成爲一個愚民化的國度，台灣的競爭力才能得到倍數展現。

4.2 生活上必須懂的數學：M 型社會與 GDP

M 型社會是一個兩極化，貧富差距很大的社會，但對於部分民眾也就僅止於這樣的認識，對眞正 M 型社會的實際意義並不明白，甚至連哪邊跟 M 有關係，都不是很明白，M 型社會爲年所得與人數的長條圖作成曲線，其曲線呈現 M 的形狀，因此得名。GDP 則是國民平均年所得。見圖 2。

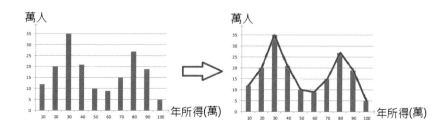

圖2

　　兩個尖端的地方代表，領該薪水人數特別多的區塊，以本圖為例就是，年收入 30 萬與 80 萬最多。在 M 型社會，全體平均年所得的數字是沒有意義的，對於大多數人，該數並非貼近自己所得，這邊可以舉一個極端的例子，班上 50 人，25 人考 0 分、25 人考 90 分，全班平均是 45 分，這平均無法描述同學的大概成績。

　　相同的，在 M 型社會的平均所得也就失去意義，因為兩個人數多的部分彼此在拉平均，平均反而落在兩高峰的低谷之中，而低谷代表的意義是人數少的部分，所以說如果是 M 型社會所報出來的平均所得，大多數人都不會認同，因為跟自己的所得都差太遠，有錢人不會在意，而低於平均以下的人就會想說，這數字跟自己一點關係都沒有，或是認為自己認真工作所得還是在平均以下，由此認知數據作用不大（見圖 3）。

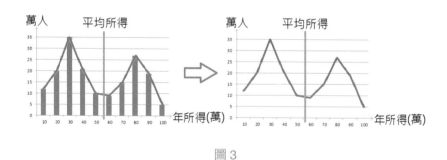

圖 3

　　避免數據無感，需要畫出圖表，圖表上用曲線就可以，因為可以把兩個年度的曲線拿來作比較分析，就可看出曲線變化，並進而發現貧富差距的變化情形。且能觀察社會是哪一種 M 型曲線，見圖 4。

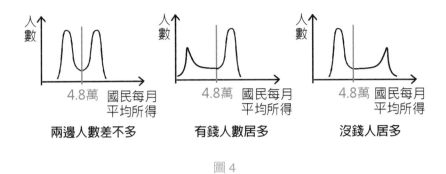

圖4

1. 如何從兩個年度的曲線發現資訊？

　　假設：下列為兩個年度的曲線，見圖5。

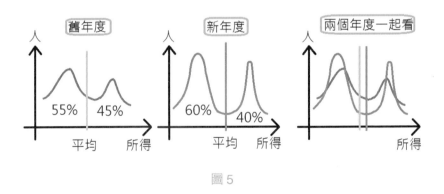

圖5

　　看到左邊與中間的圖，知道人往兩個高峰靠過去，也代表
M型化的加劇，並且經計算後得到平均以下的人數百分比，得
知貧富的分布，知道自己是屬於哪一個部分，並且思考現在經濟
有多壞；再者我們可以知道失業的人收入很低，藉由圖表推算可
以知道年收低於多少是屬於失業族群，進而判斷兩年度失業率的
變化。將兩年度合併起來看，見右邊的圖，可以更明確地看到變

化，雖然可以觀察到平均向右移，代表平均有所提昇，但兩邊高峰的部分更往兩邊，代表貧者越貧、富者越富，而造成這個現象的原因很多，有社會動盪、產業外流、全球經濟的影響等等，而M型曲線的結果帶來的是什麼？高學歷的人因經濟狀況不好，為了給小孩更好的生活，選擇晚婚、晚生、不婚、不生，低生育率帶來更多問題，不斷惡性循環，貧富差距就更大（一切都要依真正圖形來說明，這只是一個可能會發生的情形）。

　　所以看圖表有助於人民反過來督促政府，政府解決社會M型化的方法是否奏效，貧富差距有沒有因此縮短、不變，還是更加惡化，以及每年所公布的平均所得，到底對大多數人有沒有意義，是一個努力卻達不到的數字，還是一個描述在自己可接受範圍的數字，如果公布的數字大多數人都不認可，那這個數字就沒有意義。然而目前僅有一個沒感覺經濟有變好的國民平均年所得GDP，這是比較可惜的，因為需要更多的數據或是看圖表，才能知道現在的情形。

　　政府使用平均討論大家生活過得好或不好其實不具意義。觀察圖6，可發現此種圖表講平均的意義不大。因為後半階段的人沒感覺，前半段的人無所謂。這種圖形又稱M型社會，此種圖形不能用平均來描述，那應該用哪一種數來描述呢？我們應該用中位數來描述才比較貼近大家的觀感，見圖7。

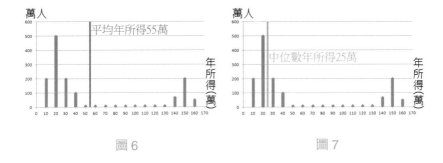

圖6　　　　　　　　　圖7

　　或是直接看圖表才能知道所得情況。用平均來討論所得時還必須與標準差一起討論。接著認識標準差，以及認識常用的統計名詞：其意義與使用時機，見表1。

表1

名詞	意義
平均	總和除以數量，符號為$\bar{x}$。用在大家都是差不多的情形，不受極端值影響的圖表。
中位數	最中間的數字，或是數量是偶數時，取最中間兩個的平均。用在圖表有受到極端值影響時，如 M 型曲線。
眾數	數量最多的數值。用在品管、班上的年紀。
標準差	每筆數據減去平均的平方和，再除以數量，再開根號，符號為 σ，$\sigma = \sqrt{\dfrac{1}{n}\sum_{i=1}^{n}(x_i - \bar{x})^2}$，此數據可觀察圖表分散程度，$\sigma$ 越大分布越廣。

4.2.1 標準差是什麼？

　　標準差對於大部分人是一個陌生、看不懂的東西，所以通常統計報表不一定會作出標準差給大家看，但平均數大家應該都不陌生，在絕大多數情況，都用平均來解決問題，或是說只會用平均來看事情，所以造成了很不精準的判斷。

　　利用標準差及算術平均數，能幫助判斷各部分的數量，這邊舉一個例子可以明顯認識其意義，一群人出去玩，這群人身高平均 165 公分，標準差是 7 公分；另一群人身高也是常態分布，這群人身高平均 165 公分，標準差是 3 公分。

　　這兩群人看起來感覺就不一樣，因為標準差的不同。前者標準差大，身高落差大，68% 的人是平均數加減一個標準差的範圍內，165 − 7 = 158、165 + 7 = 172，所以 68% 的人身高在 158 ～ 172 公分之間。後者標準差小，身高落差小，68% 的人是平均數加減一個標準差的範圍內，165 − 3 = 162、165 + 3 = 168，所以 68% 的人身高在 162 ～ 168 公分之間。很明顯的可以看出，後者的分布比較集中。也可以看圖 8 來認識。

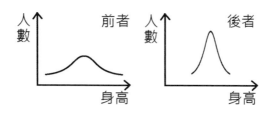

圖 8

或由數學式認識標準差：$\sigma = \sqrt{\dfrac{1}{n}\sum\limits_{i=1}^{n}(x_i - \overline{x})^2}$ 的意義，如果每筆

數據距離平均越遠、越分散，$x_i - \overline{x}$ 越大，所以 $\sigma = \sqrt{\dfrac{1}{n}\sum\limits_{i=1}^{n}(x_i - \overline{x})^2}$

就越大。數據越分散，標準差越大。

結論

　　如果用圖表及算數平均數、標準差，說明國民所得可以更讓人知道生活狀況，如下圖：**根據三個標準差切開，觀察各區間的人數。圖 9：標準差爲 1.5 萬的情形。圖 10：標準差爲 3 萬的情形。**

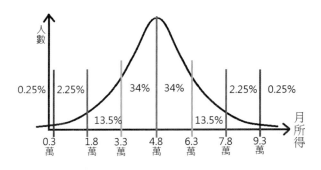

圖 9

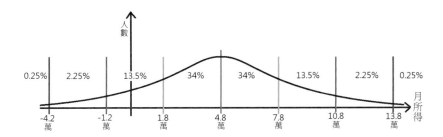

圖 10

　　用標準差、圖表來說明，才能知道貧富差距情形。以及我們常聽到台灣的數學在全世界不錯（如：AMC、PISA），其實這也是有問題的，我們是平均不錯，但標準差大，也就是好得很好，壞得很壞，大家的數學能力落差很大。所以**要了解平均在大多數情況都是沒有用的，必須加上標準差才更清楚。**

4.3 數學教育──數學成績的意義

　　數學教學的重點是要學生感覺到數學很有趣，而不是一昧強調它的重要性（固然它很重要）。學童不會因為數學很有用而喜歡它。他們對數學的愛好是來自於好的老師從數學奇妙的原理中引導出學童的好奇心。

Posamentier，紐約市立大學數學教育教授

　　我們不能期待多數的學童主動學習數學，除非我們找到一個方法讓他們感受到：數學不僅有用，而且像藝術一樣，是美麗的。

M・B・Ruskai Tufts，大學教授

　　數學教育的重要目標之一是訓練出有獨立思考，獨立行動能力，且不易受別人左右的個人。

愛因斯坦（Albert Einstein），德國物理學家

　　數學和音樂及語言一樣，都是人類心智自由創造能力的展現。此外，它更是人類溝通抽象概念的共同語言。因此，數學應被視為人類知識及能力的重要組成，必須被教導且傳承至下一代。

Hermann Weyl，德國數學家

　　1990 年中，經濟合作發展組織（OECD）應會員國之要求，設立一個定期且能準確評量各國學生的知識、技能及教育系統成效的機制，也就是國際學生能力評量計畫 PISA（Programme for International Student Assessment）。PISA 每三年舉辦一次，自 2000 年開始至今，共舉辦了四次（2000、2003、2006、2009）迄今已有 70 多國參與，可見評量理念與執行品質已普遍獲得認同。評量的項目為語言、數學及科學，評量對象是 15 歲學生（相當於台灣國中三年級）。評量之樣本大小約為 4500 到 10000 學生／每個國家（或區域），之所以選擇 15 歲學生，是因為多數 OECD 國家這個年齡的學生正處於義務教育完備的階段，此時的評量可以獲得各國教育系統在技能及態度方面近十年的成效。

　　PISA 的重點目標是提供一個穩定的參考點，用以監控教育系統的革新。從報告的分析數據中，可以了解到各國各科素養相對的優勢與劣勢，也為教育改進提供參考指標，給予下個世代新方向和多重思維。

　　至今四次 PISA 評量結果最令全世界教育界感到驚訝的是：芬蘭學生在四次 PISA 各項目不僅名列前矛，而且成績分布的標準差（Standard Deviation）是最小的。換句話說，芬蘭學生在語言、數學及科學的評量不但平均值很高，而且分布集中，顯示學生成績較好與較差者的差異比其他國家少很多。正因為如此，全球教育界掀起了一陣「芬蘭」熱，紛紛到芬蘭考察：為何芬蘭教育可以達到幾乎是所有教育工作者的夢想：也就是全面普遍性的優秀。見圖 11、圖 12、表 2、3。

Programme for International Student Assessment (2006)

(OECD member countries in boldface)

	Maths			Sciences			Reading	
1.	Taiwan	549	1.	Finland	563	1.	South Korea	556
2.	Finland	548	2.	Hong Kong	542	2.	Finland	547
3.	Hong Kong	547	3.	Canada	534	3.	Hong Kong	536
3.	South Korea	547	4.	Taiwan	532	4.	Canada	527
5.	Netherlands	531	5.	Estonia	531	5.	New Zealand	521
6.	Switzerland	530	5.	Japan	531	6.	Ireland	517
7.	Canada	527	7.	New Zealand	530	7.	Australia	513
8.	Macau	525	8.	Australia	527	8.	Liechtenstein	510
8.	Liechtenstein	525	9.	Netherlands	525	9.	Poland	508
10.	Japan	523	10.	Liechtenstein	522	10.	Sweden	507

圖 11　PISA 2006 年數學、科學及語言前十名國家

Programme for International Student Assessment (2009)

(OECD members as of the time of the study in boldface)

	Maths			Sciences			Reading	
1.	Shanghai, China	600	1.	Shanghai, China	575	1.	Shanghai, China	556
2.	Singapore	562	2.	Finland	554	2.	South Korea	539
3.	Hong Kong, China	555	3.	Hong Kong, China	549	3.	Finland	536
4.	South Korea	546	4.	Singapore	542	4.	Hong Kong, China	533
5.	Taiwan	543	5.	Japan	539	5.	Singapore	526
6.	Finland	541	6.	South Korea	538	6.	Canada	524
7.	Liechtenstein	536	7.	New Zealand	532	7.	New Zealand	521
8.	Switzerland	534	8.	Canada	529	8.	Japan	520
9.	Japan	529	9.	Estonia	528	9.	Australia	515
10.	Canada	527	10.	Australia	527	10.	Netherlands	508
11.	Netherlands	526	11.	Netherlands	522	11.	Belgium	506
12.	Macau, China	525	12.	Liechtenstein	520	12.	Norway	503
13.	New Zealand	519	13.	Germany	520	13.	Estonia	501
14.	Belgium	515	14.	Taiwan	520	14.	Switzerland	501

圖 12　PISA 2009 年數學、科學及語言前十名國家

表2

數學			
PISA 2000	PISA 2003	PISA 2006	PISA 2009
1. 日本 (557)	1. 香港 (550)	1. 台灣 (549)	1. 上海 (600)
2. 韓國 (547)	2. 芬蘭 (544)	2. 芬蘭 (548)	2. 新加坡 (562)
3. 紐西蘭 (537)	3. 韓國 (542)	3. 香港 (547)	3. 香港 (555)
4. 芬蘭 (536)	4. 荷蘭 (538)	3. 韓國 (547)	4. 韓國 (546)
5. 澳大利亞 (533)	5. 列支敦士登 (536)	5. 荷蘭 (531)	5. 台灣 (543)
5. 加拿大 (533)	6. 日本 (534)	6. 瑞士 (530)	6. 芬蘭 (541)
7. 瑞士 (529)	7. 加拿大 (533)	7. 加拿大 (527)	7. 列支敦斯登
7. 英國 (529)	8. 比利時 (529)	8. 澳門 (525)	(536)
9. 比利時 (520)	9. 澳門 (527)	8. 列支敦士登	8. 瑞士 (534)
10. 法國 (517)	9. 瑞士 (527)	(525)	9. 日本 (529)
		10. 日本 (523)	10. 加拿大 (527)

表3

2009 年 PISA	數學平均分數	標準差
上海	600	103
新加坡	562	104
香港	555	95
南韓	546	89
台灣	543	105
芬蘭	541	82

由圖 13 可知台灣自 2006 年參加 PISA,2006 年數學評第一名,與第二名芬蘭只差一分,但標準差卻差 23 分。標準差越大意味著好得很好、差得很差。

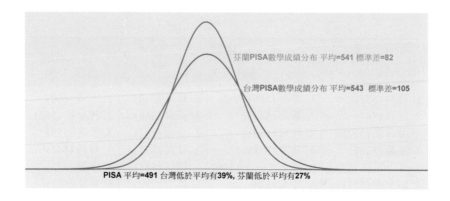

芬蘭PISA數學成績分布 平均=541 標準差=82

台灣PISA數學成績分布 平均=543 標準差=105

PISA 平均=491 台灣低於平均有**39%**, 芬蘭低於平均有**27%**

圖 13

　　值得一提的是，學生數學素養能力，並不等同於該時期學業成績能力，因爲升學考試注重的是解題及計算速度，大部分不會與生活相結合。以數學爲例，我們用到很少高中以後的數學，或是不知道該怎麼用。PISA 的題目主要是測試學生會不會學以致用，因此它的題目相當生活化，絕大多數的題目並不是靠計算，而是需要學生思考與推理。

　　由 2009 年的 PISA 測驗排名與成績可以看到台灣的排名相當靠前，甚至看到中國大陸全部都是第一，事實上是因爲大陸只有讓上海高知識地區的學生來參與測試，就好像說台灣只讓建中、北一女的學生去比賽也能拿到樣樣前幾名，但這樣的結果基本上對於全體性沒有任何參考價值，也就是不知道全國數學能力狀況，只是純粹作給自己好看。所以要知道 PISA 成績是否具有參考價值，數據分析的抽樣相當重要。

　　在過去好幾年，我們不時會聽到台灣的數學平均能力不錯，但卻沒聽到成績的變異數也很大，或是說不知道變異數的意

思，也就是標準差很大。而這標準差很大是什麼意思？絕大多數人不知道標準差的意思，簡單來說就是講考生成績的分布情形，標準差大也就是分布拉的寬，也就是真正得高分人很少，說得直接點就是成績好得太好、壞得太壞。參考圖 14。

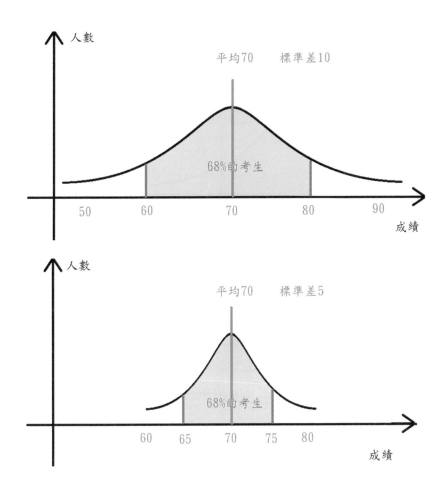

圖 14

　　由上圖可知標準差大的分布較廣，標準差小的分布較集中。但相當無奈的是台灣多數人只認識「平均」這個名詞，就認為台灣的程度好，然後對於自己小孩數學成績不到平均，便加以苛責，這是不對的，「平均」其實意義並不大，除上圖是可能情況外，台灣人的成績也可能是偏向左，假設為圖15。

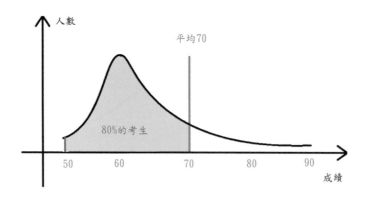

圖 15

　　或許大家的成績可能絕大多數都在平均之後，但只是沒有看到成績－人數圖表而不知道眞正情況，以及不理解變異數的意思，所以台灣人對數學成績認知好與壞，也有問題；需要看圖表與參考變異數，或是標準差，及更多的資料，才能知道狀況。

4.4 數學成績與聰明才智的關係

　　一個不擅於計算的人，有可能成爲一個第一流的數學家，而一個沒有絲毫數學觀念的人，充其量只能成爲一個很會計算的人。

哈登伯格

　　有的教師要求學生只用課堂上教的方法解數學題。這種做法會阻礙獨創能力的發展，導致失敗，並造成迴避困難的心理。

　　　　　　　　　　　　　　　　　　　　　　　　波雅妮

　　大家隱隱約約知道數學成績與聰明才智不是直接有關係，但仍然還是把它直接串連在一起，老師或太多人說數學不會，就是笨。在二十幾年前，這種激將法還可能被接受，激起一些不服輸的學生。然而現在升學制度的改變，科目的增加，以及各種誘惑變大的情況。其實這樣的方法只會導致學生放棄數學。我們要先理解數學與成績的關係。以應用題的題目為例，不存在亂猜能答對的情形。

　　1. 不懂數學→應用題拿不到好成績。合理。

　　2. 不懂數學→應用題拿到好成績。不合理。

　　3. 懂數學→應用題拿到好成績。可能合理，也可能不合理。

　　4. 懂數學→但因為粗心，應用題拿不到好成績。可能合理，也可能不合理。

　　由以上可以看到懂不懂數學，都有可能拿到不好成績，所以我們還能說成績不好就是不會數學就是笨嗎？再來看看聰明、笨與理解數學有關嗎？在絕大多數國家智力測驗都是以數學的幾何圖案來判斷 IQ，而 IQ 以常態分布表示。見圖 16 觀察 IQ 與人數的關係，可以發現高 IQ 的人也不少，但高 IQ 的人不一定有好的數學表現，而我們也知道有超好數學表現的人幾乎都有超高 IQ，見圖 17。但是坦白說這些超高 IQ 的人，不用教他也可以有很好的數學表現。而其餘 IQ 在中後段的學生難道就不能有好的數學表現嗎？答案是否定的。芬蘭經由他們的教學，已經達到了

大多數人都能理解基礎數學，見圖 18 的人數示意圖。所以除了最後面少部分的人，大部分人的 IQ 與理解數學無關。

　　最後回歸原本的問題，基礎的數學成績跟聰明才智無關，我們應該用努力與優秀的教材與教師，來教孩子。請別再用不好的方法教學，說數學成績不好就是不會數學，不會數學就是笨，讓孩子想放棄唸數學。

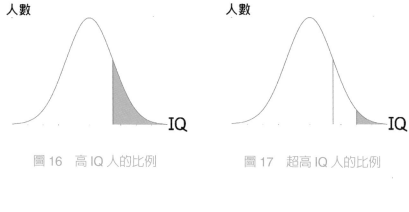

圖 16　高 IQ 人的比例　　　　　圖 17　超高 IQ 人的比例

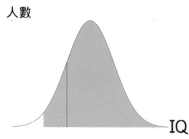

圖 18　芬蘭懂基礎數學的人數比例示意圖

4.5 成績重要還是理解重要

　　我們先了解數學成績與理解數學能力的關係，以作者認知，理解能力的高低不會直接影響數學成績。事實上 90% 的人都可以慢慢理解，然後弄懂公式的內容，最後背下公式，在考試時就能利用公式來拿到好成績。然而真實狀況是大多數人太勤勞了，只願意死背，把數學當文科唸，如同背單字背歷史一般的方法來學習，這方法省力卻費時。這種人很多，但是無一不在學習數學的路上遇見阻礙，因為人的記憶力有限，也是有記憶力超強的學生可以利用此能力一路用到大學，但總歸來說，不理解數學的學習方法，不會有熱忱學習，只是如同機器一般，看到東西反射動作的作答。

　　學數學，希望可以懶一點，不要太勤勞的想背跟套公式，理解公式後就可以用這個公式去解決問題。這個感覺就像是拿東西為了偷懶不想一次拿兩個，而發明塑膠袋可以一次拿多個。理解後再背不會花太多時間，並且比較不會忘，也可說理解後比較踏實，比較能相信這個公式，而不是死背後不知為什麼這樣套公式，反正用就對。數學不同其他學科，文科大部分是靠記憶，而物理、化學、生物，也有一半以上是需要記憶各種情況對應何種公式。但數學是可理解並組合的科目，要背的基礎原理非常少。所以如果用不好的方式學數學，將會效果不彰。

　　成績是一個檢測，提醒自己這單元該加強，無法看出學生對這單元懂或是不懂。成績不好是提醒該加強。如：計算速度、緊張、題目間的組合、理解符號的意涵等等。所以希望學生不要因為考不好，就認為自己笨，進而放棄學習，因為成績真的與聰明

不完全有關。

　　最後回到問題「成績重要還是理解重要」？當面臨重大考試的時候，先放下理解，趕快搶分，才能進到下一階段的學習。以理解數學的方式，才能保證具有學習的熱忱。如果用背的方式學習，以高分的成就感帶來熱忱，熱忱會一不小心就消失。所以在不同的情況有著不同的重要性，當然最好還是理解後背公式得高分，不要直接背公式得高分。

4.6 獨立思考與創造力──吳教授的馬蓋先故事

　　1985 至 1992 年間，有一個相當受歡迎的電視影集「馬蓋先」（MacGyver），其中主角馬蓋先是一位聰慧、樂觀且極有創造力的探員。他盡可能使用非暴力手段對付暴力，堅持不使用槍。具有科學精神的馬蓋先，經常利用身邊隨手可得的簡單物品（如膠帶，瑞士刀）快速組合成精巧的小工具，當場解決面臨的複雜問題。馬蓋先的故事對我的啓示很大，它使我領悟到：所謂創造力就是拋棄已有的思考模式，從新的角度來解決問題。然而，「拋棄已有的思考模式」說起來容易，卻很難作到。以下舉出幾件我個人的經驗來說明這個歷程。

4.6.1 Don 的小工具

　　當我從台大數學系畢業，服役後去美國紐約州立大學數學系碩士班就讀時，要修一門必修課，叫做「複變函數論」，因爲在台大三年級時就已經修過，所以要再修一遍，對我而言是件比其他同學要輕鬆的事。然而，上課上了二個月後，就要進行第一次

考試，考卷要帶回家寫，但在看過考卷之後，不得了了，題目好難，才教二個月，很多重要的定理都還沒教到，怎麼可能解這些題目呢？幸好我在台大已修過這門課，我就使用尚未教到的定理解了這些題目。可是我的疑惑仍在：是不是教授出錯題目了？沒有這些「尚未教到的定理」，應該不可能解這些題目。

於是我就很好奇地去問我的同學 Don，他是一位 19 歲的青年，從 MIT 過來直攻博士，因為他程度比較好，我就問他：很多題目似乎要用到還沒教到的定理，請問你有辦法解嗎？結果 Don 說，他想了很久，但最後還是解出來了。我大為納悶，我要用到後面的定理才解得出來，他怎麼可能解的出來？然而，看過他的解法後，我大驚失色，他居然可以用他學了二個月的東西，做出一些小定理，剛剛好把那些問題解決了。Don 的那些「小螺絲起子」讓我大受打擊，因為我是知道大定理的人，解問題有絕對優勢，就像拿個榔頭把東西打散是輕而易舉，但他卻能用隨手做出的「小螺絲起子」，把東西給拆了，他這個馬蓋先精神，讓我為之震撼不已。

這就是創意，創造力！對我來說是個很大的刺激：顯然我不能「拋棄已有的思考模式」，從新的角度看事物，反之，Don 能夠把東西徹底學懂，就能從最基礎的地方出發，自己做出小工具去解決，這就是創造力。

4.6.2 博士論文

當我在哥倫比亞大學作博士論文時，我的指導教授給我一個很難的隨機過程（Stochastic Processes）的題目，我苦思兩個月後不知從何處下手，只好去問指導教授，他說：「我就是不知

道從何下手才需要你來作這個題目，我已看過太多與此相關的論文，不易跳脫傳統的想法，或許你可以從新的角度看出端倪，若看不出，也就表示你還沒有獲得博士學位的水準。」

於是我在惶恐之中努力思考新的角度在哪裡。兩個月後，我終於在電機工程領域的數位通訊論文看到類似的問題。於是我就去電機學院修課，努力了解它們的語言及問題。很幸運地，數位通訊正是我的「思考新角度」：我從數位通訊的想法切入而解決了很難的隨機過程論文題目。這個經驗的啟示是：大多數人有惰性，若面對問題沒有壓力，會傾向於既有的思考模式，只有在壓力下，才會被迫尋求「思考新角度」，也就是說，創造力是在被迫必須獨立思考的狀況下激發出來的。我們的制式教育正好相反，我們讀得太多了，腦中塞滿一大堆既有的知識、標準答案和別人的想法，根本無法拋棄，久而久之，逐漸喪失獨立思考的能力。因此，面對問題時，只會努力尋找標準答案；同理，一個喪失獨立思考能力的社會就很容易被媒體、政客所左右。

4.6.3 工研院的故事

馬蓋先精神的實踐之二，是我在工研院擔任電通所副所長的時候。當時有無線電通訊計畫，必須克服訊號處理問題，在設計無線電接受線路的時候，必須從高頻，降至中間頻率，再降到基頻，才有辦法進行信號處理。因為大家都這樣做，我就問工程師，是否能將三階段變成兩階段，減少一個數學運算，那就能更有效率，IC 電路版也不用占那麼大的空間。

工程師後來回去想了很久，隔天回答我說，因為現在的信號

處理器速度不夠快，所以必須多了中間頻率，否則數學運算運作做不來。我就跟他說，如果有一天，有新的數學運算法，就能解決這個問題。同時間，美國矽谷工程師已經克服數學運算問題，直接從高頻跳到基頻進行訊號處理了。

4.6.4 貝爾實驗室

　　我的馬蓋先精神之實踐，也在貝爾實驗室（Bell Labs）得到證明。貝爾實驗室是我博士畢業後在美國的第一份工作：人造衛星通訊部門的研究員。我的老闆要我研究出一個新的演算法，用來估算衛星中一個新的固態放大器（Solid-State Amplifier）所產生的雜訊值。之所以需要新的演算法，因為當時已有一套在衛星通訊領域行之多年的著名演算法，但是當應用到新的固態放大器時卻產生了很大的誤差。我們那個部門有三位電機博士，分別是台灣人、印度人與美國人，過去兩年多以來，他們皆試圖找出原因及新方法，都徒勞無功。於是我的老闆要我這個新人去試看看。兩個月之內，我看了一百多篇論文，發覺所有論文都是那個行之有年的演算法的變形與改進，所以我根本也不敢懷疑那個演算法是否有瑕疵，不然為何不適用於我們的放大器？

　　到了第二個月，我還是找不出解法，但是有一天，我忽然想起了我以前的同學 Don，當初運用了馬蓋先精神，解出困難的數學題，於是我決定要拋開這一百多篇的論文，拋棄那個共同源頭、行之多年的演算法，從完全不同的角度推導出自己的方法，終於被我解出來了。

　　我曾懷疑這個經典演算法是否錯了這件事，終於證明的確是

錯了，原因在於經典演算法在某種特殊函數的情況下會出現嚴重的誤差。然而，在新的放大器出現之前，不可能出現這種特殊函數的情況，也因此行之多年都沒問題。我的新方法對所有狀況都成立，因此得以完全取代經典演算法。雖然我的數學式子沒有他那麼漂亮，但我是對的。

就像我的同學 Don，他基礎學會了便有信心去創造小工具來處理問題。我們的教育就是讀太多書了，變成只會跟著別人的想法，讓自己喪失信心、不敢嘗試了。

4.6.5 結語

我所謂的馬蓋先精神，就是要學會挑戰權威，這必須要有勇氣，而勇氣來自信心，信心來自「弄懂」基本原理，我國的數學教育百分之八十的資優生極可能都是做數學題型硬做出來的，做久了也會懂數學。

但這種教育方式，通常會扼殺創造力，因為遇到沒背過的題型，就會不知所措。我們的資優生就已經是這樣了，更何況是一般同學，會不敢嘗試、挑戰新的解法，我們的學生有百分之八十失去創造力。

台灣社會有一種習慣，就是不用邏輯思考，人云亦云，不獨立思考，就連最重要訓練邏輯思考的數學課，都可以弄到僵化，造成訓練成長中的推論、邏輯推理以及獨立思考的能力消失殆盡，教育就這樣扼殺年輕人的創造力。我希望同學們要學習馬蓋先精神，讓自己的人生更加有創意、更有想法，不會被別人牽著鼻子走，擁有自己獨立思考性，就從學習數學著手吧！

4.7 克服數學恐懼情緒

大多數人對數學都是恐懼的，但是其實數學直覺是可以培養出來的，人人有機會成爲天才！

4.7.1 其實，數學沒那麼可怕！

打個比方，理解數學概念就像打通全身經脈。當你身體疼痛時，一般按摩師會按摩身體表層，可能身體會暫時得到抒解，但是，眞正會按摩的老師，知道要按摩深層穴位，這樣才有治病的效果。

數學的概念也是如此。做數學的有效方法，可以化爲進行深層的按摩：例如不先告訴你解答，而是先幫你問問題，透過問題去理解數學題的概念。數學教育上，大家被動太久，不敢在課堂上問問題，我就先幫你問。例如：課堂上老師教如何通分 $\frac{1}{2} = \frac{2}{4} = \frac{3}{6}$，但有些人可能會想問，這個數學式可不可以變成 $\frac{1+2}{2+4} = \frac{3}{6}$？如果有這樣的特殊規則也更有趣。因此，幫你問問題也是告訴你數學式子能有不同的解法與可能性，人生何嘗不是如此？

同時，老師教「通分」有時候也不一定適用。例如王建民投球，上一個球季投出 100 人次，三振 30 人；本球季投出 80 人次，三振 20 人，請問兩球季加起來，三振比率是多少？解法應該是分母與分母相加，除以分子與分子相加，三振率才能得出。而不是進行通分，進行通分就不對了！

先幫你疏通數學問題，再幫你去除恐懼，革除被老師誤導

不敢問問題的態度，激發興趣，然後就可以嘗試問問題。在心理學上，有種負面制約的理論，如果學生常被老師責難，自然就被制約，而不敢問問題，也激不起學習的興趣了，這點是可以改善的。

4.7.2 去除恐懼，從小開始

　　如果有一種教育方式，讓小學生自然而然能夠親近數學，而不懼怕數學，是否可以從小時候的玩具裡，讓他們習慣數學圖像，長大自然就有親切感，而不再懼怕數學呢？打罵教育是否改成直覺式教育，從玩具中熟悉數學式與圖案，其目的並不是想要讓小孩看懂，而是讓他熟悉數學這件事物。從玩中認識數學，從玩中產生愉悅，產生正面制約，看久了，也就熟悉數學式子，起碼不會懼怕與陌生。

　　不怕數學，是最基本的教育。從遊戲中學會拼圖，從中可學會九九乘法表與其他數學式，從圖像產生直覺式，縱使發生計算錯誤，但由於已經有直覺圖像了，也能很快發現問題，進行修正。

4.7.3 有直覺的人，能勇敢計算

　　沒有懼怕，擁有直覺之後，不怕挫折，就能勇敢計算。現在的學生沒有直覺，害怕挫折，於是也沒了勇氣去算數學。我們可以幫助學生進行圖像式的學習。克服抽象平面語言，使用立體圖像、形狀讓小孩可以理解，產生興趣，建立概念後，也就能上手。圖像操作數學，可以使用電腦繪圖產生視覺數學，或是使用

物理、物體去詮釋操作數學。圖像形成記憶，小時候被打罵或是被稱讚的記憶，往往在夢境中仍會一而再、再而三的出現，這是生活經驗不斷重複倒帶。如果我們在小時候就接觸數學圖像，以後就不會陌生，同時在遊戲的夢境中重複倒帶，自然也有加強學習、不懼怕數學的效果，而且還會有直覺式的數學反應。

在心理學上，有了圖像組合，就會產生直覺認知。例如我有一支筆，把這句話儲存在腦中，筆的圖像自然會被建立，產生記憶。對嬰兒進行音樂訓練法也有同樣理論，不管他是否聽得懂，只要把莫札特或貝多芬的古典樂放給他聽，雖然在他耳中可能是雜訊，但規律的旋律循環，他自然會潛移默化，跟著音樂律動。

4.7.4 從文字形成圖案，倒不如從圖案形成圖案來的容易理解

直接將圖案丟到腦袋中形成記憶，一定比文字再轉化成圖像來得快速而有效率。今天小朋友要讀一本《三隻小豬》的故事書，一定是記憶故事書的圖案，腦袋就會出現故事脈絡，而不是一昧背故事文字，讓自己產生混淆。

「三隻小豬」這個例子，先讓文字形成圖像，再從圖像去記圖像，這也就是數學直覺學習的方法了。只要形成圖像，有了具象化，數學就可以操作了。小學生可以很輕易操作加減乘除的數學概念，但一到分數、未知數等數學概念問題就會卡住，這是因為具象化不見了，數學也變得難以捉摸，無法操作、無法理解。

小學生因為無法理解，產生挫折，他就不學了。如何建立形狀式的操作？小嬰兒對於形狀操作最強烈，因此學齡前小朋友絕對可以透過玩的過程，接觸到數學。國中生可能只能有七分之一的時間記憶一組圖案，但是小嬰兒成天玩，可能以三分之一的時

間就能記憶一組圖案，效度當然是從小學習比較大。

　　數學好的人，通常自信心會比較高，可能因爲有征服數學的成就感吧！連帶附加價值就是，還有什麼對我是難的呢？這種人格是可以被培養的，同時擁有自信心，會勇於冒險犯難。

　　擁有自信心，導致數學很好。數學好的人與數學差的人，差別可能就在自信心。當教育學習被排除，自信心就會變好了，「數學還有什麼難的呢」？抽象的東西去解決抽象的問題，其實並沒有錯，從玩中學習抽象，自然直覺就建立了，因此才鼓勵家長最好從小就讓家裡的小寶貝接觸數學。把神奇寶貝換掉，變成數學符號，變成拼圖或貼紙，就變得有趣多了。

　　小學生還沒有形成邏輯概念，面對數量也沒形成對應觀念，對於數量對不起來，以致於有：1 + 1 = 4 的情況發生。數量觀念換成符號，他就無法理解，2 或 4 的數字概念沒建立就混淆了。如果形成圖案，去解釋數字概念，學習就輕鬆多了。

　　小朋友記交通號誌的經驗，令我感到吃驚，去監理站考試時，小朋友對於號誌問題記得比我還要清楚，因爲產生自覺，對應於生活中，知道三角牌箭頭向左，就是代表向左，而不會說路是向右的。

　　例如：唸 1、2、3、4、5、6、7、8、9、10，有些小朋友唸的順序對，但是在寫的時候就會顛三倒四；或者是寫的正確，但是就是唸的順序錯誤。學習無法進入狀況，只能用移動性與圖案性的東西幫助記憶。小朋友靠著移動性與圖案性的東西幫助記憶，其實動物也是如此的。像青蛙覓食，雖然蒼蠅在眼前停留，但很奇怪地青蛙不會去吃牠，但只要蒼蠅一振翅飛走，青蛙馬上張嘴吐舌捕食蒼蠅。

對於移動性與圖案性的東西很敏感，一下子進行抽象性的符號思考，對小朋友而言，這是太難了！到了國中，抽象思考更難，但是如果小時候有直覺記憶，那他可能就會有自信心去理解。

回想小時候背九九乘法表，也是靠著圖像背起來的，不是用聲音或是用符號硬背下來。珠心算也是靠圖像記憶，在一連串數字中，看到 3，7，馬上跳出 10 的圖像，可以用圖像去理解數學能力，自然就不用抽象概念去理解。

在數學計算過程中，學校老師往往將數學式子化簡，讓學生摸不著頭緒。例如：$AX = B$，事實上就是 $A \times X = B$。又例如 $XY + YX$，學生可能會說，XY 與 YX 是兩件不同的東西，不能進行加法，但他無法理解 XY 就是 YX，也就是 $X \times Y + Y \times X = 2XY$。

在線性教育過程中，花時間建構數學式子基礎，等教過了，就開始省略符號，像灌水一樣一股腦丟給你，因為學校老師假設你已經學會了，不必再強調，但是只要學生一個環節無法理解，就無法進行演算，淪為硬背答案的機器。現行教育把太多東西挪到國中去講了，小學所建立的直覺概念，一下子煙消雲散，數學也就這樣一敗塗地。

學生對於「代入」充滿疑惑，例如 $AX + 1 = 3$，$X = 1$，$A = ?$ 有學生就會認為，AX 是一件東西，怎麼可能會是兩個符號相乘的產物？基於沒建立圖像的結果，而圖像影響直覺，直覺影響信心，連帶地也就解不出題目。對於未知數的理解與建立，如果在小時候看過「狗」，縱使幾年沒見過狗，但以後到別的地方看到狗，還是能知道那是狗，叫得出「狗」這樣東西的概念，

讓「代入」成爲理所當然。

　　另一個很大的不同，在於台灣的授課方式。教一個 2X + 3X=5X 代數，在芬蘭可以教上兩個禮拜。在台灣，一堂課不到就可以教完。芬蘭老師不趕進度，而是要讓每個學生都能跟上，這就是芬蘭教育的特色。

　　芬蘭人認爲，數學是一種抽象的語言，只要會了，物理和化學都不是太大的問題，因爲科學基礎就是數學。學習數學，時間很重要，如果切得很零散，數學是很難學好的，再怎麼好的老師也沒有用。這就是我們從芬蘭這個國家看到，爲什麼這樣學習數學的經驗很重要。

　　讓你的小孩，贏在起跑點上，看完本書，相信任何新手媽媽，都有機會讓自己的小孩，變成數學直覺力超強的小孩，成爲人人口中的數學天才！

4.7.5 在錯誤中學習，跌倒過就不害怕了

　　增加小孩的數學直覺性，這是機率問題，還是他的數學 DNA 特別發達？世界上的音樂家，可能絕大部分打從娘胎起就開始聽音樂了，有了環境潛移默化效果，將來就自然而然成爲音樂家了。

　　從小就接觸數學，雖然不一定能成爲數學家，但是他的數學直覺力一定比別人高。學習理論有兩種：一是在錯誤中學習，當你走路掉進一個洞，跌過了就不會害怕。另一個是教育學習，教你有洞跌進去就會痛，產生恐懼，自然就不會跌進去了。在課堂中，老師總是會說，這題數學很難，大家要注意聽。這種講法就

是教育學習，所造成的負面影響，將阻礙學習效果。

　　有一個古老的故事，從前有一隻大象在小時候就被綁在樹樁上，雖然逃跑過幾次，隨著年紀越來越大，牠越來越習慣被綁在樹樁上的感覺，原因是牠被制約了，自以為拔不動樹樁了，雖然我們知道大象的力氣可以輕易拔起樹樁，但牠就是乖乖地被綁而不逃跑了。

4.7.6 數學教學缺陷

　　可是，目前國內外數學教學有很多有缺陷的地方，不管在台灣，甚至其他國家，都有相同的問題。第一，教學時間不足，不像芬蘭學生花時間慢慢學到每個人都懂為止。第二，為了考試，在短時間內要學生記下很多東西，學生當然會無法吸收消化，也學得很痛苦。

　　以我個人經驗，一百個人當中，有百分之五的學生怎麼樣教就是不會，他們對這個抽象概念的語言，就好比音癡，怎麼樣就學不會。另外有百分之五的學生，是你不用教，他們自然就會。剩下這中間百分之九十的大多數，他們需要一位好老師，只要有會教的好老師，他們就會懂，就會學會數學而且有自信；要是碰到不會教的老師，他們就完蛋。

　　據我的觀察，大部分人學習數學的痛苦是從國中開始。為什麼？原因在於國小和國中課程轉換的落差。國小學加法跟分數，這些都還算具體，算算幾顆蘋果或是切切披薩，都還能理解。但一到了國中，代數 X 與 Y 的出現讓學生整個傻住了。從具體到抽象，這中間的落差太大了。這是第一點，教材的問題。

　　第二點，老師沒有扮演好「翻譯」的角色，從具體到抽象詳述說明，一味要求學生死背解題，這樣是不對的。同學不敢問，雖然不懂，但還是努力把老師所講的話都背下來。所以這些好學生們也許不是很懂，但是還是會做題目，因爲他們乖乖聽老師的話，努力去做。但是有疑問的學生得不到解惑，問題累積到一定程度，他們無法理解、就害怕數學了。數學無法用猜的作答，乾脆放棄好了，反正我考試考很多科，放棄一科沒有關係。

4.7.7 學習數學的盲點

　　試問各位父母、同學或老師，如果我們去 KTV 唱歌、聽別人唱就會跟著唱。但如果問到，這首歌的五線譜是怎麼樣，卻不見得人人都會，有些人根本就不懂五線譜，但卻會唱。這很自然吧！你要先會唱，才看得懂樂譜。學習音樂是這樣，學習語言也是這樣，先聽聽看別人怎麼講，自己再去講。那學習數學也是這樣嗎？剛好相反，目前國中老師都是直接教學生代數，對剛接觸代數的國中生而言，X + Y 是什麼東西啊？誰看得懂？應該要倒過來，讓我們學習數學像學習音樂一樣，先學會唱歌、再學看譜。換句話說，我們應該先把抽象概念變得非常具體化。

4.7.8 數學與生活貼近

　　教材要貼切。我們做的數學應用題應該把抽象轉爲具體，目前這些既有的題目和我們生活有距離，甚至有些荒謬。像雞兔同籠這樣的「假問題」，讓我們有種「學數學有何用」感覺，讓他們不想學數學，這我完全可以理解。我們不應該用假問題來做應

用問題，而是應用「眞實的問題」。

怎麼樣才叫做「眞實的問題」？我們爲什麼沒辦法眞實？數學眞實不了？因爲我們把數學教育從人文歷史發展當中抽離，讓我們不曉得其中的根源。比如說，當教到一元二次方程式，老師有提到說，這是早在西元前三千年由巴比倫人所發展出來的嗎？巴比倫人他們學這個是要準備考試、解題目嗎？不是，他們要解決非常實際的問題，比方說蓋房子。

數學的每一個發展其實和人文需求息息相關。所以，學習數學應該要放在人類文明發展脈絡中去講，這樣數學才會有眞實感。還有，和小學生解釋正負觀念的時候，都沒有跟他們說，這些突然冒出來的概念是怎麼出現的，這很難解釋吧！如果我們跟學生說，這個概念我們慢慢講，你們不會沒有關係。因爲在十七世紀的歐洲數學家不能接受負數的觀念，認爲這很不可思議，被認爲是妖魔化數字，不能接受。但早在西元九世紀時，印度人就發展了正負數的概念，告訴他們數學並不可怕。告訴學生，其實很多數學家都不懂，你們並不是那麼差。

很多老師認爲，你不會數學，就是笨，這樣的想法是很糟糕的。不會數學不代表笨，兩者之間沒有關係。數學麻煩的地方只是觀念不懂，長久累積下來才不會。好學生也許只懂了百分之八十，剩下的百分之二十用死記來塡滿。考試一樣可以考得好，只是他不是全然了解。

那我們現在要想出一個辦法，讓大家都能夠完全懂、完全通。當你完全通的時候，再去記東西會比較容易，理解之後需要記憶的部分也比較少。但我今天要講的重點是，我們今天有新的科技，有多媒體互動技術，我們學數學就像學唱歌一樣，先學會

唱歌才看譜。當你會唱歌了之後，我相信你的譜也一定看得懂。

4.7.9 我們要有正確學習的態度

在數學複雜的題型上，大家常常會不知道如何解題，無從下手，最後只好茫然的看題目發呆。其實並沒有那麼難，解題跟生活經驗一樣。例如：1 樓走樓梯要到 5 樓，要到 5 樓前一定先到 4 樓，到 4 樓一定要先到 3 樓，依此類推，就是一步一步逆推發現，一定要先到 2 樓，而不是在 1 樓看著 5 樓發呆，見圖 19。

或者跟處理事情一樣，有主要目標，中間發現不足就要先去補起漏洞，如：修理機器，發現某個材料不夠了，要先補貨，也就是要先處理另一件事情，再來處理原本問題。而這就是數學解題的基本原則，將問題分解成一部分一部分，再依次處理，或說是將手上有的線索先處理，遇到問題補齊需要的物品，最後一定可以解決問題。如果沒有解決問題，一定是還有其他問題你沒有解決。

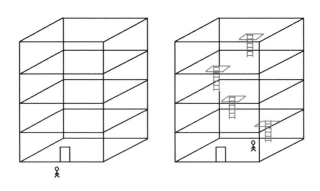

圖 19

例題：前半段路花了 2 小時走 4 公里，後半段路花了 3 小時騎
　　　腳踏車騎了 16 公里，請問整段路速率為何？很明顯的我
　　　們必須先找出整段路的總路程與總時數，也就是到 3 樓必
　　　須先到 2 樓的意思，或事先補貨的意思，先處理另一個問
　　　題，最後才能回答原本的問題。總路程 20 公里與總時數
　　　5 小時，速率是 $20 \div 5 = 4$，時速 4 公里。

　　所以只要我們可以逐步地解決小問題，那整個問題一定可以
得到答案，所以數學沒有你想的可怕，慢慢的思考，有耐心一定
可以用學過的技巧解出題目。同時很多學生的觀念很不妥，已經
理解各個小階段的原理，如果題目需要很多步驟，充其量是很多
個簡單題目，或可稱作是複雜，但絕不是難。很多時候學生都因
為自己的恐懼，使得數學能力下降了。

　　　　如果這題解不出來，肯定是有比較簡單的題目還未解出來。

　　　　　　　　　　　波利亞（George Pólya: 1887-1985），

　　　　　　　　　　　　　匈牙利裔美國數學家和數學教育家

4.7.10 數學好的人的想法

　　我們可由以下小故事認識數學家與物理學家的差別：有空水
壺在桌上，要如何得到熱開水？答案：裝水後，再放到瓦斯爐加
熱，見圖 20。

圖 20

下一個問題：有水的水壺在桌上，要如何得到熱開水？

物理學家：直接放到瓦斯爐加熱，見圖 21。

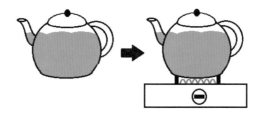

圖 21

數學家：把水倒掉，重複空水壺得到熱水的過程，見圖22。

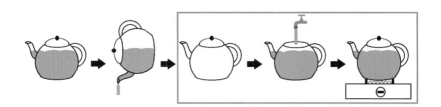

圖 22

　　爲什麼數學家會這樣作？因爲物理學家，把每一件事情看作獨立的新問題，找出最快的方法。而數學家是把問題變成處理過的問題，簡化問題後就不用思考了，直接用過往的經驗，所以也可以說數學家是一群懶得動腦的人。所以我們就可以知道數學家與物理學家的差異性。

　　You know we all became mathematicians for the same reason: we are lazy.

　　你知道我們成爲數學家的原因都一樣——我們懶。

Maxwell Alexander Rosenlicht（1924-1999），美國數學家

　　一個乾淨的桌子是一個記號，代表腦袋空空。花時間整理桌子，你是瘋了嗎？

賀伯特・羅賓斯（Herbert Robbins），
美國數學家、統計學家

4.7.11 數學對未來職場的重要性

　　我們長大是不是就不需要學習數學？因爲我的工作不會碰到除了加減乘除以外的東西？這些推論其實是倒因爲果，爲什麼？因爲你只會加減乘除，超過這些之外的就不願意去看，你也看不到。比如說，我們有很多工程師會裝置很多向美國買的保密程式，但保密機制，事實上就是數學。但因爲不懂，所以只好跟別人買，這就是知識經濟。就好像製作現在很熱門的動畫，需要很

多好的繪圖工具，繪圖工具背後有很重要的**幾何學**，我們跟別人買的繪圖工具所費不貲，再來做加工，賣給別人，我們只賺加工的錢，是誰比較聰明？是誰把錢賺去了？是被懂數學的人賺去？還是只會使用的人賺去了？

因此我們說數學只要學加減乘除，這道理是不通的，除非你不想跟上時代的腳步，不想具有競爭優勢。不懂數學，就沒辦法做好基礎與創新研究，所學範圍會受很大限制，這很可怕。特別是在這個數位化的時代，很多時候追根究底到最後是比數學能力。一個國家如果多數的工程師、科技人才無法真正學會數學，只能用別人創造的東西，那麼，創新機會自然少。

4.8 出社會後數學很多用不到，
為什麼要大家學那麼多？數學到底該學什麼？

數學可以讓我們學到很多，請參考圖 23。其實我們在生活上，用不到那麼多，可以對應工作需求去學習應該要會的數學能力就好。既然生活中用不到那麼多數學，為什麼我們都要學那麼多、那麼深的數學？

大家都知道蓋建築物，第一要越穩才能越高。數學人才的分布，如同金字塔一般，下層越寬，上層才越多。數學人才越多，科技才能更進步。以數字來說的話，假設產生數學天才是 0.01% 的機率，所以一億人學習產生天才的可能性遠比一百萬人大。同時在這科技發達，生活舒適的年代，天才也容易放縱，所以我們當然需要盡可能的讓大家都學數學，以期待喜歡數學的人出現，讓科學進步，同時讓大家都能學數學，也是為了大家有一樣的受

教權，不要有所不公。

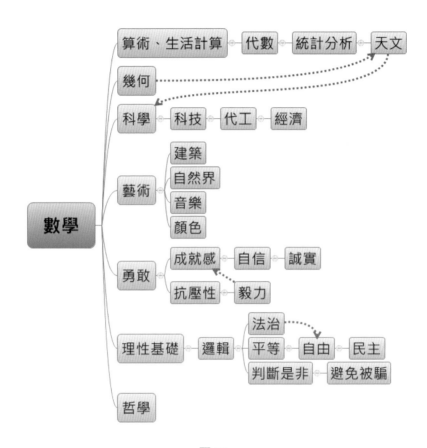

圖 23

　　所以由「增加學數學的人總數」、「數學是科技之母」、「公平的受教權」，三點可知，社會要求我們學那麼多、那麼深的數學的原因。但我們仍可以在不同時期作取捨，各國家不同，以台灣為例，在高中階段分文理組，或是職業學校。這些分類後的數學都有不同的差異。而求學過程中學到的數學，就是將來可能會用到的數學。

　　那如果我們用不到那麼多那麼深的數學，又該最注重什麼？答案是數學所帶來的理性基礎，也就是邏輯性。希臘人說過：「學習數學是唯一通往民主的方法」，爲什麼這樣說？民主是以民爲主。如何讓統治者以民爲主，就是永遠不信任他，或說是監督他避免他出錯。讓統治者認眞小心地作事，所以必須一切攤開給全體民眾看。如果把民主誤會成多數決，基本上很大可能會變成多數決暴力，以及選出代表來多數決，但如果不能監督代表，或是代表只服務自己跟所屬陣營，請問這是民主嗎？這些都不叫民主。

　　民主的情況與學習數學一樣。學生發問後，老師一定要講清楚讓學生相信，不存在我是老師，我是權威，我說了就對的情形發生。數學是可以被理解的一門科目，不像是歷史紀錄只能用背的，或是文法只能背。學習數學可以培養人文氣質，老師與學生是**平等**位置，可以自由發言、而發言必然需要秩序，也就能延伸到法治，則需要邏輯來制定非暴力的法治規範，並且邏輯可以讓我們言之有物，說話有條有理、不會自我矛盾，避免誤會而起爭執，變相來說增加社會秩序。

　　雖然大部分數學最後會因不常用而忘掉，但至少要學會邏輯與理性基礎，因爲數學帶來民主（反獨裁）、平等（反威權）、自由、法治、正常的溝通。所以有必要學習數學中的邏輯。此部分的內容可以參考第二章、第三章。

4.9 高斯的故事——不要恐嚇式教學，活用創造力

　　在十八世紀，德國哥廷根大學，高斯的導師給他三個數學問

題。前兩題很快就完成了。但第三道題：用尺規作圖作出正十七邊形，毫無進展。但高斯還是用幾個晚上完成了，見圖24。當導師接過作業，驚訝的說：「這是你一人想出來的嗎？你知道嗎，你解開一個從希臘時期到現在的千古難題！阿基米德沒有解決，牛頓也沒有解決，你竟然幾個晚上就解出來了。你是個真正的天才！」

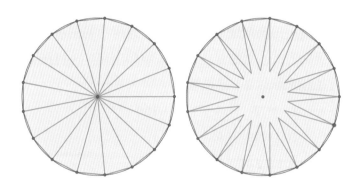

圖 24　因為正 17 邊形太接近圓形，故以 17 星形表示。

　　為什麼他的導師沒跟高斯說，這是千古難題。原來他的導師也想解開這難題，不小心將寫有這道題目的紙，也給了高斯。當高斯回憶起這件事時，總說：「如果告訴我，這是數學千古難題，我可能永遠也沒有信心將它解出來。」

　　從高斯的故事告訴我們，很多事情不清楚有多難時，往往我們會以為是能力範圍內的，而能使用一切方法，創造出新的方法來完成。沒有心理的預設立場，沒有被告知這題很難，就不會被數學恐懼到，會更有勇氣作好。

　　由此看來，真正的問題，並不是難不難，而是我們怕不

怕，以及能不能活用一切的工具與基礎觀念。所以我們要避免被恐懼抹煞了創造力，我們可以用基礎的觀念創造想要的答案。身為老師不應該跟學生說這題很難，這樣會抹煞學生的信心與勇氣。

高斯還有哪些廣為人知的故事呢？高斯小時後就展現相當高的數學能力，老師因為班上太吵，出了一道題目 1 + 2 + 3 + ... + 100 = ？寫完才可以玩。而高斯很快就解答出來。這是肯定可以解出來的題目，但高斯懶得逐步計算，運用他的創造力，想出一個方便計算的方式。算法是：一行按照順序寫，一行按照順序逆寫，兩行加起來除以 2，就是答案

順：　　1　 +2　 +3　 + ... + 100

逆：　　100 + 99　 + 98　 + ... + 1

101 + 101 + 101 + ... + 101

一共 100 組，所以 1 + 2 + 3... + 100 = 101×100 = 10100

但是這是 2 倍的答案，所以要再除以 2，10100÷2 = 5050

因為這個的發現，得到了只要是差距一樣的數字排列，加起來就有一個計算式，總和 $=\dfrac{（首項 + 末項）× 數量}{2}$。而高斯的老師布特納（Buttner）認為遇到了數學神童，自掏腰包買了一本高等算術，讓高斯與助教巴陀（Martin Bartels）一起學習，經由巴陀又認識了卡洛琳學院的勤模曼（Zimmermann）教授，再經由勤模曼教授的引薦，晉見費迪南公爵（Duke Ferdinand）。費迪南公爵對高斯相當的喜愛，決定經濟援助他念書，受高等教育。而高斯不負期望地，在數學上有許多偉大貢獻。

・在 1795 年發現二次剩餘定理。

- 兩千年來，原本在圓內只能用直尺、圓規畫出正三、四、五、十五邊形，沒人發現正十一、十三、十四、十七邊形如何作圖。但在高斯不到 18 歲的年紀，發現了在圓內正十七邊形如何作圖，並在 19 歲前發表期刊。
- 在 1799 年，高斯發表了論文：任何一元代數方程都有根，數學上稱「代數基本定理」。每一個單變數的多項式，都可分解成一次式或二次式。
- 1855 年 2 月 23 日高斯過世，1877 年布雷默爾奉漢諾威王之命為高斯做一個紀念獎章。上面刻著：「漢諾威王喬治 V. 獻給數學王子高斯」，之後高斯就以「數學王子」著稱。

高斯對於事情，重質不重量。

「寧可少些，但要完美」

Few, but ripe －英文

Pauca sed matura －拉丁文   高斯

4.10 為什麼那麼多幾何證明

不論教師、學生或學者，若真要了解科學的力量和面貌，必要了解知識的現代面向是歷史演進的結果。

　　庫朗（Richard Courant），1888-1972，德裔美國數學家

「為什麼要學一堆幾何證明？」這個問題可以連同「數學與

物理的關係」一起回答。很多學生對於幾何證明的題目數量非常多感到有疑問，固然幾何證明可以學習邏輯，但基礎概念理解後其他僅是練習，爲什麼有那麼多題目？因爲中世紀的僧侶，因戰爭避世，而研究幾何問題，並把它當作智力遊戲，甚至是當作藝術創作，所以產生大量的幾何證明。

　　僧侶爲什麼要研究數學，而不是其他科目？因爲在西方的文化，理性占文化很大一部分，並且神學、哲學、數學的關係是密不可分的。同時更早**希臘時期的大哲學家柏拉圖也曾說過：**「*經驗世界是眞實世界的投影*」。其意義爲我們身處的世界具有很多數學規則，有些已經理解成爲了經驗，有些是由這些組合成爲新的經驗，但仍不夠完善。所以要學習數學的目的是爲了解神創造世界的原理。

　　爲什麼從數學切入，而不是從其他科目切入，如物理和化學？因爲科目本質性的不同，可以從幾個角度來討論原因。

1. 出錯修正的機率

　　數學是零修正，唯一要修正的情形，僅在取有效位數產生的誤差，如：圓周率。

　　物理、化學則是隨時代進步而修正模型公式。

2. 研究的方式

　　數學是演繹邏輯的學問。

　　物理、化學是經驗結果論的科學，科技進步就會更改，如：拋物線的軌跡、四大元素到現在的週期表。

3. 由真實經驗假設最基礎的情形

數學是以可理解的、不必再質疑準確性的道理做為**最小元件**。如：1 + 1 = 2。再以此基礎來組合定義新的數學式，且不需質疑（與自然界作對比）、驗證。所以**數學**進步**可視作由小元件到大物品**的組合。

物理、化學是以現階段觀察到的情形為基礎，若因科技進步，觀察到在更大的範圍不符合，就必須修正原本的理論。如：牛頓力學與愛因斯坦的相對論。以及會因科技進步，觀察到更精細的元件，而修正原本的理論。如：四大元素→週期表→電子中子→夸克→超弦理論。並且修正理論後，需實驗才能確定正確性。所以**物理、化學**進步，可視作推廣到更大的範圍也成功、推廣到極小部分也成功。

4. 數學家與物理、化學家目標不同

數學家組合出新數學式後，並不知道可以用在哪裡，只知道演繹出來的結果是正確的，並認為這具藝術美感，不知道也不在乎有何意義，可能未來有一天就有用了。例子 1：哈代（Godfrey Harold Hardy）的數論研究，他明確說就是研究一堆與現實沒關係，卻正確又美麗的數學，但在哈代死後的五十年內卻被大量用在密碼學上。例子 2：虛數 $i = \sqrt{-1}$ 一開始在卡當（G. Cardano）的研究，不知在實用上要做什麼。但最後發展成複變函數理論，成為近代通訊與物理的基礎。

物理學家與數學家就相當不同，是先有目標，再尋找適當的數學式，並驗證，但有可能不符合而需要修正，有些時候也會與數學家合作找出適當的數學式。

　　當然在早期的科學，也是有研究出不知能做什麼的情形，如：法拉第（Michael Faraday）對於電磁學的研究，發現電與磁關係，他展示給國王看，見圖 25。國王問說能幹嘛？法拉第回：不知道，但總有一天能從依此做出的器械上抽取稅賦。之後果然因此作出馬達來抽取稅賦。

圖 25　1827 年的馬達，取自 WIKI CC3.0。

　　結論：討論數學對於研究真理是具有成效的。也要明白數學不是科學，而是幫助描述科學的語言。如果我們對數學學習感覺不舒服、不直覺，這是不對的。數學建構在邏輯之上，不熟悉要多練習、不理解要多思考。但總不會突兀的多了一個新的方法，令人不舒服、不直覺。數學的產生雖不像物理、化學全因現實需要而產生關係式，但也是因計算需要而產生關係式。這可引用數學家龐加萊（Henri Poincaré）的話：「如果我們想要預見數學的將來，適當的途徑是研究這門學科的歷史和現狀。」同理如果對於學習不直覺、不舒服，將會干擾學習的熱忱。並且對數學家產生神化的感覺，且死背內容，降低創意與思考，變相來說就是影

響了數學未來的發展。所以可以把數學家龐加萊這段話延伸到另一個層面，「如果我們想要學習數學的保持直覺性與創意性，適當的途徑是研究這門學科的歷史和現狀。」

國家圖書館出版品預行編目資料

你沒看過的數學／吳作樂，吳秉翰著.
－－二版.－－臺北市：五南，2016.08
　面；　公分.
ISBN 978-957-11-8698-6（平裝）

1.數學

310　　　　　　　105012347

5Q38

你沒看過的數學

作　　者 ― 吳作樂（56.5）　吳秉翰

發 行 人 ― 楊榮川

總 編 輯 ― 王翠華

主　　編 ― 王正華

責任編輯 ― 金明芬

封面設計 ― 簡愷立

出 版 者 ― 五南圖書出版股份有限公司

地　　址：106台北市大安區和平東路二段339號4樓

電　　話：(02)2705-5066　　傳　真：(02)2706-6100

網　　址：http://www.wunan.com.tw

電子郵件：wunan@wunan.com.tw

劃撥帳號：01068953

戶　　名：五南圖書出版股份有限公司

法律顧問　林勝安律師事務所　林勝安律師

出版日期　2015年9月初版一刷
　　　　　2016年8月二版一刷

定　　價　新臺幣400元

※版權所有·欲利用本書內容，必須徵求本公司同意※